U0535111

软瘾

THE SOFT ADDICTION SOLUTION

终结那些窃取你时间、
夺走你生活的强迫性习惯

Break Free of the Seemingly Harmless Habits
That Keep You from the Life You Want

[美]
JUDITH WRIGHT
朱迪斯·莱特 著

董黛 译

花城出版社
中国·广州

图书在版编目（CIP）数据

软瘾：终结那些窃取你时间、夺走你生活的强迫性习惯 /（美）朱迪斯·莱特著；董黛译. -- 广州：花城出版社，2022.6（2023.4重印）
书名原文：THE SOFT ADDICTION SOLUTION
ISBN 978-7-5360-9679-0

Ⅰ. ①软… Ⅱ. ①朱… ②董… Ⅲ. ①习惯性－能力培养－通俗读物 Ⅳ. ①B842.6-49

中国版本图书馆CIP数据核字（2022）第045298号

THE SOFT ADDICTION SOLUTION
by Judith Wright
Copyright © 2003, 2005, 2006 by Judith Wright
Simplified Chinese translation copyright © 2022
by Ginkgo(Beijing) Book Co., Ltd.
Published by arrangement with author c/o Levine Greenberg Rostan Literary Agency through Bardon-Chinese Media Agency.
All rights reserved.
本书中文简体版版权归属于银杏树下（北京）图书有限责任公司。

著作权合同登记号：图字：19-2022-008号

出版人：张懿
编辑统筹：王頔
责任编辑：刘玮婷
特约编辑：刘昱含
技术编辑：薛伟民　林佳莹
装帧制造：墨白空间·李国圣

书　　名	软瘾：终结那些窃取你时间、夺走你生活的强迫性习惯
	RUANYIN: ZHONGJIE NAXIE QIEQU NI SHIJIAN DUOZOU NI SHENGHUO DE QIANGPOXING XIGUAN
出　　版	花城出版社
	（广州市环市东路水荫路11号）
发　　行	后浪出版咨询（北京）有限责任公司
经　　销	全国新华书店
印　　刷	天津中印联印务有限公司
	（天津宝坻区天宝工业园区宝旺道2号）
开　　本	690毫米×960毫米　16开
印　　张	20.5　2插页
字　　数	290,000
版　　次	2022年6月第1版　2023年4月第5次印刷
定　　价	58.00元

后浪出版咨询（北京）有限责任公司　版权所有，侵权必究
投诉信箱：copyright@hinabook.com　fawu@hinabook.com
未经许可，不得以任何方式复制或者抄袭本书部分或全部内容
本书若有印、装质量问题，请与本公司联系调换，电话010-64072833

目 录

导　论 ·· 1

第 1 章　你的生活应该更充实 ·· 17
　　从贫瘠到充实 ·· 18
　　我的软瘾经历 ·· 19
　　什么是软瘾 ·· 21
　　当代生活的悖论 ·· 24
　　勇于争取更多的生活 ·· 26
　　深层次的充实 vs. 表面上的丰富 ·· 28
　　获得充实的案例 ·· 30
　　摆脱软瘾，追求充实 ·· 33

第 2 章　做出你的核心决定 ·· 35
　　意志力再见，自由你好 ·· 36
　　不明智决定与核心决定 ·· 37
　　活得肤浅还是深刻 ·· 38
　　正确的结果和错误的决定 ·· 39

核心决定的力量 ·· 40
常见的选择 ··· 42
核心决定是什么样的 ·· 44
你面前的路还很长 ··· 46
为什么你不需要对自己太苛刻 ···································· 48
确定你的核心决定 ··· 50

第 3 章 确定你的软瘾ꞏꞏꞏꞏꞏꞏꞏꞏꞏꞏꞏꞏꞏꞏꞏꞏꞏꞏꞏꞏꞏꞏꞏꞏꞏꞏꞏꞏꞏꞏꞏꞏꞏ 52

事情比你看到的复杂得多 ·· 53
软瘾的定义 ··· 55
改变对软瘾的看法 ··· 61
寻找危险信号 ··· 62
软瘾类别 ··· 63
软瘾测试 ··· 66
意识的提升 ··· 67
揭露并承认软瘾的代价 ·· 71
联网而非列表 ··· 72

第 4 章 关注你的思维ꞏꞏꞏꞏꞏꞏꞏꞏꞏꞏꞏꞏꞏꞏꞏꞏꞏꞏꞏꞏꞏꞏꞏꞏꞏꞏꞏꞏꞏꞏꞏꞏꞏꞏꞏ 74

为什么要关注思维 ··· 75
偏颇想法和否认行为 ·· 77
糟糕透顶的偏颇想法 ·· 78
偏颇想法的蒙蔽 ·· 80
否认的多副面孔 ·· 83
发现其他偏颇想法 ··· 85

放轻松的好处 …… 89

培养你的幽默感 …… 90

"软瘾模板" …… 91

第 5 章　破解你的软瘾密码 …… 93

引导能量的流向 …… 94

有一套古怪习惯的服务生 …… 95

软瘾的起源：错误观念 …… 97

历史原因：为什么会形成 …… 98

连接过去与现在 …… 100

你某些情绪的根源 …… 102

功能原因：为什么在这时出现 …… 104

破解你的密码 …… 105

第 6 章　满足你的精神需求 …… 110

掌握精神需求的词汇 …… 111

体会精神需求和浅层欲望的差异 …… 112

确定你的精神需求：关于充实的词汇 …… 116

不要接受替代品 …… 118

时刻满足你的精神需求 …… 119

找到浅层欲望与精神需求的联系 …… 121

提升意识的三个步骤 …… 121

渴望一种深层次的联系 …… 123

第 7 章　构建你的愿景 ·········· 125

　　愿景与核心决定的关系 ·········· 126
　　什么是愿景 ·········· 127
　　设计你的生活：构建更充实的愿景 ·········· 131
　　愿景的构成 ·········· 133
　　愿景的例子 ·········· 136

第 8 章　通过加减法来实现愿景 ·········· 138

　　我的发现 ·········· 138
　　掌握加减法 ·········· 140
　　加法公式 ·········· 141
　　为更充实的生活做加法 ·········· 141
　　养分和自我关爱的加法 ·········· 141
　　个人力量和自我表达的加法 ·········· 146
　　亲密感的加法 ·········· 150
　　人生目标和精神世界的加法 ·········· 150
　　为更充实的生活做减法 ·········· 155
　　消极想法的减法 ·········· 157
　　杂乱的减法 ·········· 157
　　计划如何成型 ·········· 158
　　计划的执行不需追求完美 ·········· 159

第 9 章　获得支持并负起责任 ·········· 162

　　负起责任 ·········· 163
　　获得支持 ·········· 167

如何获得支持 ··· 168

　　为新的支持开源 ····································· 170

　　与他人合作：深化支持和责任 ······················ 172

　　支持的长期影响 ····································· 174

　　将支持付诸行动 ····································· 180

　　给自己支持 ··· 181

第 10 章　弯路与校正 ································· 182

　　杰克的旅程 ··· 183

　　把障碍变成突破 ····································· 186

　　通往充实的道路上的挑战 ··························· 187

　　通往更充实生活的道路上的"爆胎" ············· 189

　　按准则行事 ··· 190

第 11 章　关于爱的四大真理 ························ 195

　　第一个真理：你是被爱的 ··························· 196

　　第二个真理：痛苦留下的财富是爱与平静 ······ 198

　　第三个真理：感受是神圣和值得尊敬的 ········· 200

　　第四个真理：每个人都有可以发展和利用的天赋 ··· 201

　　遵循爱的四大真理 ·································· 203

结　语　对充实的伟大追求 ··························· 204

　　推崇摆脱束缚的勇气 ································ 205

　　光明与黑暗之战 ····································· 206

　　守卫你的成果 ·· 207

回报是非常值得的 ·············· 208
　　　创造一个更充实的世界 ············ 209
　　　有所作为，改变世界 ············· 209

软瘾应对方案练习册 ·················· 211
致　　谢 ························ 314
附录 1　软瘾模板 ··················· 317
附录 2　加减法模板 ·················· 320

导　论

本书从初版面世以来一直致力于帮助人们摆脱"软瘾",获得更多的时间、金钱,加深亲密关系和满足感。几年过去了,我们经历了一段多么神奇的旅程啊。

经历了培训时和成千上万的学员共同付出的努力,我感受到了帮助人们克服软瘾的重要性,但我从未预料到这个概念会像现在这样唤起整个美国的注意。我也从未预料到,软瘾会对不同文化、民族和国家的人们产生如此广泛的影响。给这种现象下定义的行为——指出那些在我们的意识层面下潜藏的事物——引发了无数人的共鸣。

大多数人一听到这个词,就会立刻几乎凭着直觉自动理解了它的含义以及普遍性。无论是过去还是现在,他们的反馈始终令我感到惊讶。更令我惊喜的是,他们在摆脱软瘾后换回的时间、金钱、爱与成就感是多么可观。在我的研讨会上,人们会估算他们为软瘾付出的实际成本。出人意料的是,他们估算的自己如今为软瘾——从买咖啡到网上购物——付出的最低实际花费仅仅在每年3000美元左右,而大多数研讨会的平均水平都在15000美元到18000美元之间。这仅仅是金钱方面的进步,你可以想象一下他们重获的亲密感和满足感又会如何。

软瘾和你要为其付出的代价会伤害到你。我在全美各地旅行时会和人们谈论他们的梦想,感到自己推开了一扇了解无数人生活的珍贵窗口。在书店里、飞机上、酒店大堂里、大学校园里、教堂里或者在公司里,似乎每个人都明白,软瘾会阻碍他们过上自己想要的生活。在我去过的所有地方，人们都希望获得更多生活中真正重要的东西——我称其为"更充实的生活内涵"。

从某个遥远城市的出租车司机到我采访过的首席执行官，从我准备登机去参加活动前遇到的安检人员到我培训过的学员，每个人都渴望获得更多的个人自由、成就感和满足感。这些私人的、宝贵的接触让我有机会了解成千上万人的心灵和思想，让我透过表象看清对他们来说最重要的是什么，以及是什么阻碍他们过上自己想要的生活。

在美国，很多国家的和地方的媒体——包括《今日秀》（Today）和《早安美国》（Good Morning America）的50多个电视节目、350多个广播节目以及包括《旧金山纪事报》（The San Francisco Chronicle）、《健身》（Fitness）和《嘉人》（Marie Claire）在内的超过35种报刊都注意到了这一点。

无论我在哪里接受采访，在乡村音乐电台还是国家公共广播电台，在体育节目还是深夜爵士乐节目上，在脱口秀上还是早晨快节奏的通勤时段，人们的反响都证明了同一个事实：每个人都有一定程度的软瘾。我们的生活质量和整个社会都为此付出了巨大代价。每个人都想让自己的生活更充实。人们如此公开、诚实地分享他们的软瘾造成的损害，令我很感动。他们感到自己的生活停滞不前，事业陷入瓶颈，想要放弃努力。他们因为无法从生活中得到渴望的一切，也因为都想在生活中得到更充实的内涵而感到沮丧。

我遇到过一味追求结果的高管，他们看到了自己低效的工作模式如何阻碍自己获得成就和满足感。还有一些夫妇在两性关系中失去了激情，他们整晚都心不在焉，而非投入地享受生活。做父母的告诉我们，每个家庭成员晚上都待在不同的房间里，盯着不同的屏幕，看电视、打游戏、聊天或只是上网冲浪。单身人士承认，他们要么独来独往，要么在约会软件上发布精心包装过的自我介绍，而不是冒险走出去，展现真实的自己。女性谈论着如何用"本和杰瑞"牌冰激凌来安慰自己，而不是出去见见真正的"本"和"杰瑞"们。孩子们说他们沉迷于电视、电脑、游戏和零食，从不会出去玩或与现实中的同龄人来往。

男性承认他们对运动、电子产品和色情产品上瘾，而女性则承认自己会狂买、狂化妆、狂打扫、狂锻炼和狂聊八卦。

软瘾是一种普遍现象，虽然有些很普通，但也有些比较个人化。

"我过得一团糟。"

"我会在网上浪费好几个小时。"

"我把时间浪费在睡觉上，我在逃避我的生活。"

"我把生命浪费在看我根本不想看的电视节目上。"

"我工作得越来越晚，这样我就可以不用回家了。我觉得我在工作上能力很强，但在个人生活上却不行。"

"我每个周末都去旧货市场，希望淘到东西来丰富我的收藏。"

这个问题的解决会让精英人士的职业生涯焕然一新，帮家庭成员获得拉近距离的新方法，帮孩子们取得更好的成绩，甚至也能帮伴侣挽救婚姻。当你用你真正想获得的充实取代你的软瘾时，你会惊讶于自己拥有的资源和满足感。为了做到这一点，你必须转变"没错，但是"的思维逻辑。

"没错，我有软瘾，但是……"

尽管人们承认这个问题的存在，他们并不总会积极做些什么去改变现状。他们仍然否认自己为软瘾付出的代价，仍然过于沉迷于他们认为自己从软瘾中获得的虚假的舒适感，而不去考虑换一种生活方式。他们看到了问题，但并不总是愿意解决问题，即使摆脱软瘾的回报是前所未有的巨大。不过，随着时间的推移，这种情况似乎正在发生改变。

如果你像我遇到的成千上万人一样认同"软瘾"这个词，那么你已经意识到了问题所在，准备好要努力解放自我，获得更充实的生活。本书第一版的任务是让人们注意到软瘾这个问题，而这次的修订版则是为了帮助那些愿意通过软瘾应对方案来解决问题的人。

我从自己的经验中得知，软瘾应对方案真的很有效。我在本书中介绍了8个关键技能，我就是通过它们改变了自己的生活。现在，无数人在做同样的事。软瘾应对方案不仅帮我改掉了几个坏习惯，还改变了我的生活，也改变了需要摆脱软瘾的其他人的生活。

你如果认真倾听，会从你的软瘾中听到非常重要的信息。它们为你打开了一扇窗，会让你看到你内心最深处的梦想和渴望。你一旦不再对其视而不见，就会体会到一种矛盾的状态：在大声嘲笑自己缺点的同时进入一种崇高的精神空间，接触到内心最深处的渴望和神圣的空虚感。你承认了那些不可理喻的行径、通过有害思维对其进行合理化的借口以及掩盖习惯性行为的做法的荒谬，也感受到了这种承认带来的治愈力量。我们在莱特研究院所做的所有培训中，软瘾应对方案培训一直是我的最爱之一，我想，这是因为它是如此个性化，带有如此温柔的人文关怀，如此发人深省，又如此有效。

自内而外的好处

软瘾应对方案不仅会带给你更多的金钱、时间、精力，改善你的亲密关系和工作效率——尽管这些外在好处非常可观——它也会让应用这些技能的人发生内部变化。当你踏上这段旅程，你会更能接纳自我，自爱并能共情，也会获得更多自尊、满足感与成就感。你明白你不是情绪不稳，也不是意志薄弱，更不是没有希望。你，就像我们所有人一样，只是在试着好好照顾自己的过程中被误导了，需要学习新技能来满足自己更深层次的需求。

通过这本书，你会明白你有一种深沉、神圣的渴望是值得被满足的，而没有任何软瘾能触及你内心的那个地方，无论你尝试多少次。软瘾应对方案的中心是"核心决定"——选择过一种内涵更充实的生活。这件事做起来比听上去重要得多，也困难得多，这就是为什么我写了整本书来阐述核心决定的奇妙之处。你做好核心决定后，你的生活就会被一种有影响力的价值观统一起来。你就会找到方向，能够为自己设想出一种理想的生活。核心决定给了你力量，让你更容易摆脱那些曾经阻碍你实现梦想的习惯。你会重新获得感受的力量，而不再感到麻木。你欢笑，哭泣，充满能量和激情，承认你的恐惧，得到你需要的安慰和鼓励。你向前迈进，不被你经历过的任何事拖累。你所走的每一步都会为你的生活创造更充实的内涵。你不仅摆脱了自己的软瘾，还创造了一种美好的生活方式，它丰富，令人满足，鼓舞人心，健康，有趣，有创造力，美丽，能提高生活质量，而不是让你的生活如一潭死水。

对我来说，情况并非一直如此。让我告诉你我是如何发现软瘾问题的，以及你能为自己做些什么。

我的故事

我出生在密歇根州的弗林特，一个工业小镇。我总是很饿——虽然吃了很多的零食和垃圾食品，我还是觉得很饿。我无论吃了什么，做了什么，都感觉不满足。饥饿依然存在。我一直觉得生活应该不止这些。那时我并不知道，我需要被满足的是精神需求。

当我还是个孩子的时候，我就觉得有些东西缺失了，有些事不对劲，但我不知道怎么描述。有些东西不太正常，不仅仅是对我自己来说，我周围的世界也是如此。人们似乎不太开心，也不太活跃。他们只是生活在各自的房子里，但那些地方不能被称为"家"。他们很忙，但并不充实。虽然他们可能在做一些应该很有趣的事，但他们看起来并不享受。他们会交谈，但并没有建立真正的联系。这里的生活是孤独的，充满了流于表面的活动——缺乏活力的活动，到处是敷衍了事的空间和心不在焉的面孔。我感到所有人都陷在雾里，裹在棉花里。有时我会想，是不是这个世界没问题，是我不正常。但在内心深处，我知道人们的生活中缺少了一些东西。我当时不知道什么样的情况才是对的，所以我继续沉迷于我的软瘾——暴饮暴食，看电视，咬指甲，埋头学习。

没有梦想的生活

　　我不认识几个过上理想生活的人。大多数人对自己的生活随遇而安，或是虽然会抱怨却没有做什么改变。他们放弃了自己的梦想，为了体面的工资和福利安定下来。我记得我当时想，如果人长大就是为了这些，那我还真不想长大了！我只知道我想要更多，但不知道"更多"具体指什么、如何得到，甚至不知道是否真的存在这种拥有"更多"的生活。

　　在某种程度上说，我生活在两个世界里。在一个世界里，我尽我所能在生活中获得更多——成为一个好学生，提升各项能力，永远做班里的第一名。我把大量课余时间投入学习、舞蹈或音乐课、野营、志愿服务和女童子军活动。我大量阅读，骑自行车，和不少邻居家的孩子都能打成一片。我们写剧本，表演，做戏服，卖票，供应茶点。我们举办嘉年华，在餐馆、鞋店和杂货店里演出。我摆过卖柠檬水的小摊，建立起旋转式社区图书馆，办过社区报纸，还写过故事，由我姐姐画插图。在高中，我是学生干部，也是在毕业典礼上致辞的优秀毕业生。我做过我们年鉴的编辑，做过班长，做乐队指挥还获了奖（是的，我甚至穿着那种白色的小靴子挥舞过指挥棒）。

　　然而，在我居住的这个蓝领小镇，把体育运动以外的任何事做得好都没有什么意义，比起卓越人们也更青睐平庸。我的成就不是被忽视、不被承认，就是受到蔑视。尽管缺乏认可，但在参与这些活动时，我感到自己更有活力了，也没那么饥饿了。

　　不过，就算有了这些活动和成就，我还是一个不快乐的胖孩子。我还是会在放学后回到家，把胖乎乎的身体扑通一声放倒在躺椅上，打开电视，漫不经心地吃着一袋又一袋巧克力饼干，喝着一盒又一盒牛奶，咬着指甲，在广告期间懒洋洋地翻看一堆杂志。我这样无所事事地打发掉了无数个下午，直到回过神来写作业或者被朋友们叫去玩为止。

　　当我没有忙于做些什么来分散注意力时，我就会感到空虚和饥饿。我的心很痛，尽管当时我不知道该如何用语言来表达这种感觉。我经常感到空虚，或者觉得自己像一个几乎不存在的幽灵。我知道有些事不对劲，但不知道是哪里出了问题。我觉得生活不该是这样的，但这是我知道的唯一的准则——努力工作，取得成就，然后看着电视走神，机械地往嘴里塞着东西。

在错误的地方寻找爱

成长到青年时，我遵循着同样的准则。在大学里，我是个优秀的学生，在我的年纪也算小有成就；28岁时，我已经在两个不同的领域获得了全美范围内的认可。但是，尽管我取得了成就，我仍然感到空虚、不快乐、不满意。在寻找这种沮丧的根源时，我认为我仍然不快乐的真正原因是我很胖，所以我开始节食减肥。后来，我成功了，变得苗条了——但也依然不快乐。

于是我认为，我不快乐一定是因为我没有谈恋爱，所以我找了我大学时的男友，一个长得像史泰龙却拥有天才智商的人。然后我确信我拥有了一切：成功、我想要的身材以及一个天才男友。但事实并不是这样。我仍然不快乐，空虚，绝望。

从外表看，我一切都很好，但我内心却很痛苦。我不知道还能做什么。我以为我找到了秘诀，但这些方法都行不通。因此，我开始将行为升级，开始给每一件事加码——更努力工作，参加更多聚会，买更多东西，发掘越来越多的娱乐活动。我购物，看电视，闲逛，约会，直到精疲力竭。我对自己和生活感觉越来越糟，越来越空虚、悲伤、失落和歇斯底里。

我做了我认为该做的一切并都取得了成功，但这仍然不够。20多岁时，我想，如果我往后的生活不过是如今一切的加强版，该是多么可怕。我不知道我还能做什么。往好了说，我感觉自己在梦游。往不好了说，我感到绝望、失落，感觉生活没有意义和希望。

意识的觉醒

绝望的情绪贯穿了我最初的两份工作。渐渐地，我在迷雾中发觉，我手头的工作也传递着其他的信息。我开发并运营了一个帮助残疾学生成功上大学的示范项目。这是美国第一批协助树立了无障碍教育模板的大学项目之一。很多残疾学生——从耳聋的到四肢瘫痪的、身处中风恢复期的、脑瘫的、患有精神疾病或其他慢性疾病的——克服了自身的障碍，获得了大学学位。我设计了这个项目，负责它的运行，也为参与这个项目的学生提供了咨询。

来到我办公室的一些学生总是会带来欢乐。他们就算在应对棘手问题，也常常表现出非凡的幽默感和洞察力，展现出尊严、优雅或单纯的勇气。那些最让我感到高兴、受到鼓舞的人总是在学习和成长。

而另一些学生就像乌云，和他们打交道令人感到痛苦。他们觉得所处环境对自己不公，态度消极，能让在场所有人变得垂头丧气。通常，这些学生的问题反而是最不严重的。在接下来的几年里，这段经历就像一颗摇摇欲坠的牙齿一样困扰着我。

我的第二份工作是担任一个临床项目的负责人，与州立大学和州立精神健康部门合作，为存在发育障碍的儿童及其家庭设计和运行示范项目。我领导着一个团队开发最先进的服务。我们帮助父母关爱、接受和帮助自己的孩子。这些孩子中的许多有严重的残疾或行动障碍，有的甚至要花好几年才能完成抬头这一动作。但这项工作中最困难的部分是帮助父母摆脱理想中孩子的形象，接受并爱护他们现在的样子。

值得注意的是，有些家庭实际上在这些所谓的悲剧后变得更加充实和幸福了，因为他们改变了生活习惯，转而聚焦更深层的爱——他们庆祝孩子在成长过程中取得的小小胜利，拓展他们的视野，更加亲近彼此，一起获得更高层次的满足。

我开始把这两种对我成长有影响的职业经历结合起来。令我惊讶的是，我意识到，尽管我取得了许多成功，但那些照亮了我的日子的学生和他们那些深深激励和感动了我的父母的生活质量比我高。他们生活中的成功与拥有完美的思想、完美的身体、完美的配偶或完美的环境无关。它与完美无关，也与我一直以来的生活法则无关。

我突然意识到，我看到的是更重要的东西。我一直在寻找的答案就在我面前，就是这些学生和家庭正在向我展示的。他们选择了更充实的生活，而这种充实独立于外部环境或物质条件而存在。他们不能选择为外在成就而活，因为无论怎么做，他们都不可能在那种游戏中胜出。他们无法在那种你死我活的竞争中获胜，因此极力避免陷入受害者心态，以我此前完全没有留意过的方式做出了非同寻常的选择。尽管这世界有很多理由让他们以受害者的身份痛苦地生活，但他们选择了满足、充实和爱。他们能够无视或忍受严重的障碍，去过充满活力、快乐和关爱的日子。他们并不指望事情变得完美，因为事情永远不会是完美的。

这些鼓舞了我的学生和他们彻底改变了生活方式的父母有一些共同点。他们做出了一个被我称为"核心决定"的决定：无论他们所处的环境如何，他们都选择过一种美好、充实的生活。他们充分享受着自己的生命。他们做出决定，要表现出一种充满希望和感激的生活态度。

我的核心决定

就在我最难过的时候，这些人的行为让我产生了最深刻的领悟，使我做出了自己的核心决定——一个从此永远改变了我的生活的意义深远的决定。我对自己宣布，我不要再浑浑噩噩地过日子了。这成了我生命中一个明显的转折点。我决定要感受我的生命，清醒、充满活力地生活，尽一切努力保持这种方式，并帮助其他人也这样生活。我要过一种懂得感恩的生活，丰富我的精神世界——我不想做空洞、肤浅、盲目的承诺，而要真正实现从内而外的蜕变，就像我有幸看到的灯塔般的人们那样。

正是在这个决定的基础上，我积极地追求着更充实的生活，寻找那些让我感觉更清醒、更真实、更有活力的事物。然后我震惊地意识到，我所做的一切试图让自己感觉更好的事情，实际上只会让我失去对生活的感知。暴饮暴食、疯狂购物、疯狂学习、参加聚会、闲聊八卦、阅读杂志和沉迷于电视已经让我变得麻木了。尽管我觉得自己不得不去做这些,但它们实际上让我分了心,剥夺了我获得我渴望的更大满足感的机会。我做这些事越多,就离充实越远。这些事就是所谓的软瘾。

最后,我终于找到了一个改变行为的令人信服的理由。通过让我的生活更充实——选择那些让我精神振奋、得到抚慰和鼓舞、感官更敏锐并能享受生活的方式——我的软瘾失去了对我的吸引力,开始消失。当我摆脱自己的软瘾,我就获得了我追求的更充实的生活。

我意识到,我和我在大学里开始交往的第一任丈夫的关系表面上不错,但实际并非如此。那不是一种坦诚、真实的关系。就像对其他对我没有好处的活动上瘾那样,我也依赖着这段关系。我依靠我的软瘾来掩盖那些"硬瘾",因此对其视而不见。看到他不愿做出核心决定,拒绝帮助,而后继续麻木地生活着,我意识到我们无法解决我们之间的问题,便结束了这段关系。恢复单身后,我开始有意识地和那些有更高追求的男性约会。然后,我遇到了我现在的丈夫(和各方面的伙伴)鲍勃。他是一个志向高远、充满激情的男人,做出了自己的核心决定,并像我此前遇到或即将遇到的那些人一样全情投入,为其奋斗。我终于发现了生活的全新可能——与人建立深厚且不断加深的亲密关系,真诚地交往,共享有激情、有意义的生活。

我意识到,大多数软瘾不过是为逃避情绪而做出的错误尝试。通过摆脱软瘾,我学会了尊重自己的感受。我不再远离情绪,而是朝着它走去。我在生活中获得了更多爱意后,吃的糖果都少了。我开始摄取更多有营养的食物,参加更有意义的活动,实践更令人满意的生活方式。比如,泡热水澡比喝酒更能让人放松,还不会对我的意识产生消极影响,也不会留下任何不良的后遗症。纵情大笑、祈祷、体验片刻喜悦的感受比酗酒或嗑药的快感好多了。阅读伟大的文学作品比木然坐在电视机前的感觉更好。由衷的大笑、叫喊甚至痛快的哭泣都会给我带来心灵的宁静,这是任何无意识的机械行为都无法实现的。学会倾吐更深层次的真实、不保留秘密、坦承自我的行为会让我害怕,但同时也让我感到解脱。

我甚至不用节食也能保持苗条了，感觉一身轻松。摆脱了绕着食物打转的生活，摆脱了疯狂工作和无节制娱乐的恶性循环，我变得更有活力，更能活在当下，更满足也更充实。我过上了自己一直渴望过的生活。

在这本书中，我将介绍 8 个关键的技巧。这些技巧帮助我摆脱了自己的软瘾，让我过上了我想要的生活——内涵更充实的生活。

核心决定对工作的影响

做出核心决定后，我就改变了自己的工作方式。我开始和身体健全的人们分享我从残疾人身上学到的东西。我开发了一套个人精神成长课程，它让我实现了我帮助他人"觉醒"的承诺。当时我还没有确定"软瘾"这个概念，但已经快了。

与此同时，我的丈夫鲍勃开办了一家培训公司，帮助人们提升生活中各个领域内的技能，比如领导力、人际关系和职业发展。我们过去常常把他的业务称为"男性化的"，而把我的业务称为"女性化的"，但二者间的差异远超过性别差异。他有一群很棒的客户。他们与鲍勃和他才华横溢的员工们一起工作，实现了许多目标，提高了加深亲密度、培养自信和维护关系的技能——但他们还不满足。他们涌进我的公司，参加我组织的研讨会，希望获得更多——无论是精神世界、同理心、幽默感还是生命的意义。

在这两项业务中，我们观察到了持续成长者和原地踏步者之间的差异。在整个生命中，我们真正需要学习和成长的不仅仅是技能。那些在个人发展中停滞不前的人往往有某些拖后腿的软瘾。这些不仅阻碍他们成长，也阻碍他们获得想要的生活。他们在个人成长研讨会和培训中努力挖掘自己的感受，也会释放自己的情绪，但在一个启发性的周末培训之后，他们经常会回到之前的状态中，日常生活要么没有任何变化，要么在短暂的变化后故态复萌。他们会沉溺于软瘾，让软瘾把他们的新发现埋葬在麻木之中。他们会失去动力，也会失去前行的可能性。

他们中许多人的某些技能比我强，但生活并不比我好。我审视自己的生活时，看到我是如何改变行为，从令我麻木的习惯中解脱，以及这给我的生活质量带来了多么大的改变。而我看到日常习惯像网一样缠住了他们，就像它曾经缠住我一样。就在这个时候，我们确定了"软瘾"这个术语，因为尽管它们与"硬瘾"有某些共同的特征——强迫性、麻痹作用、不良生活方式——但它们本身与硬瘾不同。

我们在1991年进行了克服软瘾的第一次训练。这次训练的结果和反响都是惊人的。随后，人们急切要求我们分享自己的发现，于是我们撰写了本书的第一版。

"充实"的意义

我在克服自己软瘾的过程中发现的更充实的生活，每个人都能拥有。对这个概念，不同人有不同的定义。在这本书中，你可以用那些已被证明的经验、想法和工具帮助自己定义它。不过，请记住这一点："更充实的生活"是个特定的术语，指的是对你而言真正重要的事物的充实——更多的爱、满足、意义，以及生活中那些带给我们持久满足感、快乐和爱的东西。

通过积极地追求更充实的生活，你可以直接满足自己更深层次的需求，摆脱你的软瘾，体验更强的成就感。当你不再在潜在的软瘾上花费那么多时间和金钱，你就会有更多的时间、精力和资源去展开更有意义的活动。你会感觉更清醒、更活跃，也更有活力。你会有更多时间去发现和发展你的天赋和才能，让世界变得更加不同。你会过上自己想要的生活。

对更充实生活的追求会给每个人生活的各个领域带去积极的影响。父亲与孩子有了更多的接触，夫妻重新认识彼此，事业上出现飞跃，有些人甚至在人生中第一次产生追逐梦想的信心。销售人员提升了收入，管理者获奖和晋升，母亲会在和孩子一起成长的过程中获得更强的成就感，共同品尝生活的各种乐趣，而不是旁观着孩子长大。

在这段旅程中，你将得到什么

从软瘾中挣脱出来拥抱充实并不只是我一个人的经历。无数人读过本书的第一版，也有无数人接受过莱特研究院提供的软瘾应对方案的培训和指导，他们都有类似的经历，你会在本书中读到他们的故事。我们一起克服了习惯性的行为，学会过越来越有意义的生活。我们在追求有意识的生活的过程中互相支持——尽量减少看电视、喝咖啡、购物、过度锻炼、做白日梦、孤僻度日以及其他阻碍我们清醒地生活的行为。我们推崇的是发展深厚情谊、冒险、说真话、休息、积极参与活动以及其他促进我们有意识地生活的行为。

多年来，参加我研讨会的学员们帮助我完善了摆脱软瘾并找到更充实生活的过程。通过这段旅程，他们创造了新的生活方式，过得越来越好。我们的经验可以被归纳为8个关键的生活技能：

1. 做出你的核心决定
2. 确定你的软瘾
3. 关注你的思维
4. 破解你的软瘾密码
5. 满足你的精神需求
6. 构建你的愿景
7. 通过加减法来实现愿景
8. 获得支持并负起责任

这8个技能组成了一个有机的整体。它们经过验证，将带你提高一个层次，让你过上你想要的生活，带给你超越大多数人的梦想的惊喜。

在这本书中，我会谈到精神世界、精神需求和上帝。我使用这些词，指代的是广义上的精神和信仰，而不代表任何特定的宗教或传统。莱特研究院为来自各种文化背景的学员提供服务，无论他们是虔诚的信徒（天主教、新教、犹太教、佛教或其他宗教）还是目标高尚的非宗教组织的一员。有的学员是圣公会等其他教派的神父、牧师和拉比。他们会被学院吸引，是因为我们相信，无论信仰如何，只要是为了真理和爱，我们都会互相支持。

许多持无神论和不可知论的学员选择把这些精神方面的术语替换为"生命""爱"等对他们而言最有力量的抽象概念。请使用这本书中的精神术语做参考，将其视为一个机会，来反思是什么满足了你更深的渴望，让你的心灵歌唱——无论令你感受到联系的是广泛的精神力量、某种特定的宗教，还是更高层次的自我、爱或真理等信念。

你选择了这本书，就意味着你想过一种尽可能丰富的生活，一种你理想中的生活——更充实的生活。虽然我们都有软瘾，但并不是所有人都愿意承认是它们阻碍我们过上想要和应有的生活。通过阅读这本书，你做出了积极的声明，并和其他许多人一样通过核心决定过上了有意识的生活。你会发现，你的软瘾中包含大量关于你更深层次需求的信息。一旦你获得了这些信息并做出行动，你就能进入更好的状态，不仅可以控制你的软瘾，而且可以过上理想的生活。

本书结构

虽然摆脱软瘾是本书的一个具体的好处，但它可不是唯一的好处。摆脱软瘾的过程中的每一步都会让你进行一次深刻的自我认识。每一章提供的信息都会让你受用终生，帮你摆脱让你麻木的消极嗜好，不断唤醒你的精神。

第1章介绍了我们如何被自己的软瘾所束缚，因而忽视了生活提供的更有意义的东西。我们将探索对充实的追求如何为我们繁杂的日常生活提供精神上的满足。之后的 8 章介绍了 8 项关键技能，为你指明了通往你想要的生活的道路。这些章节提供了一个摆脱软瘾以及发现和满足更深层次渴望的过程，介绍了如何做核心决定、识别自己软瘾的特点以及构建自己的生活愿景。这些章节将带领你走向一种更加自觉、真实的生活方式。最后几章则会为我们这段旅途的成功提供支持和激励。

书的第二部分是练习册，会提供一些帮助你应用前面学到的技能的工具、练习和点子。你可以在阅读的同时完成练习册中的练习，也可以在读完书的主体部分后再去完成。这个部分就是你的个人工具箱，帮助你应用那些贯穿全书的概念。

你会注意到散布在各个章节中的小贴士：

- "更多思考"会让你就章节主题进行更深的思考
- "更多行动"会让你运用学到的知识去完成一项任务
- "注意事项"是一种警告，提醒你注意可能遇到的阻碍
- "软瘾经验谈"会用他人在现实世界中的成功事例鼓舞你

这些工具中的每一个都将帮助你构建关于更充实生活的愿景，提供给你大量适合应对软瘾的方法。要记住，追求充实并不意味着剥夺享受的乐趣。踏上这段旅程后，你不用担心自己必须彻底戒掉所有让你上瘾的东西。相反，这段旅程会把你带向丰富和满足。放心，放弃一切和感到失落并不是摆脱软瘾的宗旨，甚至不是可取的方法。相反，你应该学习的是在生活中增加令你精神满足的活动，而麻痹精神的活动的自然减少会成为这种努力的副产品。自我意识是关键。如果你想从生活中得到更多，那么你需要练习更清醒地看待当下的自己。当你逐渐适应你每天面对的选择时，你会自然、轻松地在意识和满足中成长。

仅仅是阅读本书便能帮助你提高自我意识，但你如果不采取行动，是无法

获得充实的。虽然你可以一个人行动，但很多人发现，自己在他人的支持下更有可能坚持。所以，你可以和朋友分享这个过程。他人的支持有助于你坚持行动更久，是在生活的各个方面获得更充实内涵的方法之一。第9章会告诉你如何为自己寻找支持，不过你也可以立刻行动。你可以找到志趣相投的伙伴，建立自己的小组，成为在线社区的一员，参加培训。在这段旅程中，你会找到小测试、游戏等很多鼓励和支持你的工具。你也可以联系我们，向那些已经踏上这段旅程很久的人——那些为后来者提供了成长事例的人——以及那些刚刚开始自己旅程的人提出问题，或和他们分享你的想法。

支持和灵感是让生命更充实的重要因素。你应该得到身边所有人的支持，去创造这样的生活。你必须摒弃什么？那些使大脑和意识麻木的习惯、行为和情绪，它们在剥夺你的精力、时间和资源，使你无法过上自己真正想要的生活。那么你能得到什么呢？也就是我说的"更充实的生活"——真正的生活、财富、关爱、时间、情感满足、挑战以及构成生活的一切。

愿你能体验更多对你而言重要的事，拥有你想要的生活。

第1章

你的生活应该更充实

你明白吗，我希望我的生命不仅仅是漫长的。

——音乐剧《彼平正传》(*Pippin*)

你手中的这本书是一张实现梦想的门票，一张通往理想生活的护照，一张让你释放你的力量、获得你应得的生活的通行证。听起来很难？不要担心，成千上万的人已经为你铺平了道路——从公司高管到全职妈妈，从销售人员到专业护理人员，从艺术家到工匠，从学生到医生。无数人以一种此前从未想象过的方式实现了他们的梦想，因为他们愿意说出自己生活的真相，有勇气认识到自己之前的老套路并没有带来自己渴望或应得的满足感，并承认自己想要更多。

我们每个人都渴望从生活中获得更多——更多真正重要的东西。我们渴望感到更充实、有意义，自己变得更重要，为更伟大的事业奉献力量，或者过上充满爱与宁静的生活。很多时候，我们甚至没有意识到这种渴望，因为我们对这种渴望的感受是矛盾的。我想要的是太多了还是不够多？我拥有的比我想象的要多，为什么我不开心？我可以想要更多东西吗？想想史上最成功的网球运动员之一克丽丝·埃弗特（嫁给约翰·劳埃德时，她正处于职业生涯的巅峰）

的这句话:"我们陷入了一种乏味的生活。我们打网球,看电影,看电视,但我总是说:'约翰,生活不止如此。'"如果连多次夺冠的埃弗特都觉得仅有财富和世界认可的名声是不够的,那么我们也该问问自己这些简单而深刻的问题——关于充实的问题。

无论我们是行业精英、世界冠军、差等生还是介于这些极端之间,我们都希望生命能够更充实。具有讽刺意味的是,我们渴望从生活中得到更多,却没有付出我们真正需要为此付出的努力。统计数据显示,我们中几乎每一个人,无论是否成功,都多少有些消极行为和习惯。它们不仅干扰我们追求充实,而且在我们得偿所愿后还会让我们的乐趣大打折扣。我们的生命——时间、精力、意识和生命力——就在对宝贵资源的浪费中过去了。我们沉迷于看电视、购物、上网、暴饮暴食、聊八卦或被我称为"软瘾"的其他无数日常习惯。

时间在不知不觉中过去,我们围绕这些习惯建立起整套生活方式,从而把梦想抛在脑后,代之以一系列已经形成习惯的自动模式。不过,你可以摆脱这样的生活。你在这本书中学到的技能将告诉你如何获得更多真正重要的东西——比你想象中的还要多。

从贫瘠到充实

摆脱坏习惯是如何让你实现梦想的?本质上说,软瘾是对正事的干扰。它们让我们陷入迷雾,无法清晰地思考,无法真正活在当下,远离更高的价值和真正的目标,无法与他人真诚沟通,与所爱的人渐行渐远。软瘾会降低我们的工作效率,使我们对自己的真实感受变得迟钝。它们阻止我们获得充实,使我们走向贫瘠,破坏我们的梦想。

软瘾应对方案将帮助你摆脱那些看似无害,实际上会阻碍你过理想生活的习惯、模式和行为。摆脱使你的身体、思想、情感和精神变得迟钝的事物后,你就能重新获得宝贵的时间、金钱、精力、满足感和亲密关系。摆脱坏习惯不会让你感觉失落。软瘾应对方案是让你的生活更充实的关键，能帮助你得到你想要的更多东西。

摆脱软瘾对你的控制后，你将体验到更充实的生活。你深入习惯之下，去发现更深层的渴望，就会打开通往新世界的窗户。把这些技巧应用到每一个习惯上，你就会在突然间体验到充实生命的魔力：你各个领域的生活都开始发生变化。你会体验更多感受，更有意识，也更专注。你的生活会更令人满意，你会实现更多改变。你感到与自己、他人、精神世界和你周围环境的联系加深了。你体验到的亲密、热忱、真理和真诚都会大幅提升，让你发掘出真正的自己。

这不是一条失落之路，而是一条丰富之路。这是一段学习如何满足你最深的欲望的旅程，会为你的生活添加灵感和营养，让你更深地了解自己、获得更多支持，并为你的生活构建更大的愿景。这是一段学习爱你自己和你的生活的旅程。这是一段从生活中获得更充实内涵的旅程。

我的软瘾经历

成功与状态不佳的恶性循环

咬指甲，一把一把地吃着巧克力饼干，心不在焉地翻阅杂志，沉迷于看电视，对着教科书发呆，或者漫无目的地在商场里徘徊——这些都是我曾经的生活方式。我其实算是个成功者，在学术和工作上都很出色。在不到30岁的时候，我就在两个职业领域取得了亮眼的成绩。然而，即使获得了成功，在解决了困扰我一生的体重问题之后，我仍然像探索生活的秘诀一样读着菜谱，痴迷于琢磨该吃什么、什么时候吃、吃多少。

我工作很努力、很成功，但在没有负责什么项目也没有因为什么项目获奖时，我会没完没了地购物或浏览我买不起的东西，和别人八卦我们共同的朋友或名人的生活，沉迷于翻阅商品目录，或者想象自己穿上那些最新的时装是什么样。我工作得越努力、时间越长，取得的成绩就越多。我得到的赞扬越多，我就越觉得有理由去买更多东西，或者更加心不在焉。我努力工作了，所以这是我应得的。尽管我取得了高质量的成果，但我总是匆匆忙忙的，几乎做什么都迟到，家中杂物遍地，水槽里堆着脏盘子，卧室里散落着昨天的衣服。我会反思我做错的每一件事，在心里自我打击，并对得到的一切赞美不以为然。

我更充实的生活

现在我的生活变得完全不同了。我仍然会去购物，拥有了很多"好东西"，但这是我生活的一部分，反映出我目前切实的成绩与财富。与此同时，我更倾向于寻找事物的意义或与真实自我更深层的联系，而不是疯狂寻找最新的打折信息。我拥有了更多的乐趣——发自内心的大笑、美好的时光、快乐得冒泡的感觉——而不再是肤浅而短暂的购物快感。现在，我期待的不再是去购物中心闲逛，而是与丈夫共进晚餐，或伴着美妙的音乐跳舞，或踏上越野滑雪板在静谧的雪中森林穿行。我不再沉迷于看电视，而是开始读好书（甚至开始写书）。能让我感到满足的活动清单很长，还在不断变长。

我不再用饼干应付我的情绪，让它们麻木，而是去感受它们，被它们满足，并利用它们来帮助我解决问题。与幻想自己穿上某件高定服装会是什么样的不同，我更可能花时间想象未来——我、我丈夫、我们的事业和这个星球在未来的可能性。

我的工作变得更令我满意了。实际上，我在一天结束时感觉比开始时更好、更有精力。与那些我曾经为了让自己感觉高人一等而沉溺其中的习惯不同，我学着变得更"温暖"——更真实，更贴近我的内心。我现在更可能和丈夫分享某些深刻的真理或梦想，而不是用有趣的八卦来取悦他。我获得了一种超乎想象的亲密感，而且它一直在增长。我拥有了更多爱、满足感、精力，甚至还有更多的时间。我实现了更多成就，也更加坦诚了。我爱我现在的生活。事实并不是我的生活变得更令人兴奋了，而是我更容易对生活感到激情，也更投入了。

我依然能感到痛苦和愤怒。事实上，我更容易感到痛苦了，因为我不再麻痹自己的感受。但这正是感受更充实生活的体现。

什么是软瘾

为了体验更充实的生活，我们必须诚实地看待我们的软瘾。但什么是软瘾？我们如何确定自己是否有软瘾？软瘾是那些看似无害的习惯，如购物狂、拖延症、暴饮暴食、沉迷于电视、上网、闲聊等。它们实际上使我们远离了理想的生活。我们也许没有意识到，我们的软瘾浪费了我们的金钱，剥夺了我们的时间，麻木了我们的感知，麻痹了我们的意识，耗尽了我们的精力。而我们每个人都或多或少有软瘾。

一项哈里斯民意调查（Harris Poll）显示，91%的美国人承认自己有软瘾。从我个人的经验来看，我认为剩下的9%只是仍然处于否认状态，因为我从来没见过没有软瘾的人。在美国和我访问过的其他无数国家，我和人们交谈时的问题不是"你是否有软瘾"，而是"你有哪些软瘾，它们让你付出了什么代价"。

软瘾不是罪，它们只是一种安抚自己的错误尝试，一种在一天的劳累后试图放松的方法，一种分散注意力或自娱自乐的方法，或者一种应对强烈情绪的方法。问题是，软瘾不会丰富我们的生活，实际上反而会耗尽我们宝贵的资源，而这些资源本可以用来推动我们实现梦想。它们不会关爱我们，不会鼓舞我们，也不会给我们应得的安慰。它们会夺走我们的东西，而不会给我们带来多少回报。我们都需要从压力重重的生活中抽空休息一下，都需要娱乐、休息、消闲，但我们应该得到优质的休息——不仅仅是盯着电脑屏幕，或者在电视机前心不在焉地换台。我们需要令人满足和兴奋的方式来提升自我、恢复精神、自娱自乐，这才能带给我们更充实而非更贫瘠的生活。

摆脱软瘾并不意味着你的余生都要远离电视、永远放弃大杯摩卡咖啡或者完全戒掉购物或上网。它的真正含义是，你要设计一种充实的、令人满意的生活，让你的身体、思想和精神得到满足。这意味着你需要掌握本书介绍的8项关键技能，它们不仅可以帮助你克服这些影响你生活的习惯，而且还可以成为真正伟大生活的基石，帮助你过上更充实的生活。

人们经常问我软瘾和硬瘾的区别。吸毒或酗酒等硬瘾本身是危险的，会危及生命。而软瘾涉及的物质或行为本身并不危险，让它们成为问题的是我们对它们的利用或滥用。你不必靠毒品和酒精来生活，但你一定需要购物、吃饭和利用各种媒体。因此，你是无法通过仅仅摆脱软瘾涉及的物质来摆脱它们的。相反，你必须改变你与这项活动的关系，学习新的技能。与硬瘾不同，软瘾为社会所接受，甚至是很受欢迎的活动。每个人都做，还经常与彼此分享体验。它们经常被媒体、广告和杂志所美化。软瘾是很狡猾的，经常在我们意识不到的层面上运作，窃取我们的生命力和宝贵的资源。它们如此深入我们的生活，让我们的生活方式变成了由它们组成的网络。看看你能否在下面的场景中看到自己的某些影子。

在多次按下"再睡一会儿"按钮之后，你挣扎着醒来，立刻开始焦头烂额地应付一系列任务。你要送孩子上学、赶地铁或在早高峰时间开车准时赶到公司、抢在截止日期前完成工作、准时到达开会地点，之后还要接孩子放学。你与朋友或同事的闲聊围绕着办公室八卦、本地新闻、体育、名人、电视节目或投资进行。你们的谈话往往简短而零碎，话题跳跃性很强，很少会谈及感受，尤其是深埋内心或令人不安的感受。

你仅有的一点儿空闲时间都被用来满足那些未被满足、急不可待的需求了。你需要去咖啡馆买一大杯摩卡，看肥皂剧，听某个特定的广播电台，阅读报纸的体育版，查看电子邮件，锻炼身体。你脑中偶然闪过一个念头：这些事你做得太多了，但你想不出做什

> 你不会死于软瘾，它只是会让你活得不够好。
> ——朱迪斯·莱特

么能带来更大的回报。

> **排行前十的软瘾**
> （根据哈里斯调查）
>
> 1. 拖延行为
> 2. 沉迷于电视
> 3. 工作狂
> 4. 情绪起伏大，如暴躁或过于兴奋
> 5. 暴饮暴食
> 6. 喝太多咖啡
> 7. 冲动购物
> 8. 沉迷于幻想
> 9. 经常抱怨
> 10. 沉迷于网络

当你工作时，你在令你感到焦虑的时刻和勉强令人满意的任务中辗转。你完成了一个项目，得到了老板或客户的赞誉，就会获得一些成就感。然而这种感觉不会持续太久，也不会让你感到特别自豪或非常满意。

你会经常看表。你迫不及待想要午休或者下班，即使午饭没什么特别的，下班后也没有什么特别的事要做。你会拖延，为你没能按时完成工作找借口，但你还是会关上门玩电脑游戏。你渴望放假、跳槽或退休，认为那样你就会快乐。

在家的时候，你要么忙于应付家人的需要，要么沉浸在自己的世界里。也许你会喝一两杯酒来缓解一天的疲乏。晚上你可能会看电视，但看过也不记得自己看了什么。你花好几个小时浏览商品目录，垂涎新衣服或漂亮的小玩意。你对很多人都心存幻想，不管你是否已婚或有认真的交往对象。

在上面这些场景中，你能否看出自己或你认识的人的影子？是的，这可能是任何人的生活中典型一天的夸张版本，但它与我们的现实并不像我们希望中那样相去甚远。如果你和大多数人一样，你会在之前我描述的场景中找到自己的影子——那些场景中的活动和行为就是所谓的软瘾。它们对我们产生了强大的影响。我们在任何地方都能看到它们的痕迹。它们虽然看似无害，有些甚至令人愉快，但本质上都是毫无意义的惯性行为。你也许在潜意识里已经产生了怀疑：这些习惯是否妨碍了你体验更有意义、更充实的生活？

那么，为什么大家没有立即改变行为、摆脱习惯，来获得更令人满意的生活呢？不幸的是，这说起来容易，做起来难。

当代生活的悖论

软瘾是我们生活的这个充满矛盾的时代的写照。在当今世界上，我们拥有了获得满足感和人生意义的机会，同时也具备了用创新方式浪费时间的条件。这个时代对我们而言充满了特别的挑战——我们可以购买、消费和使用的商品数不胜数，它们对我们形成了巨大的诱惑。从平板、手机到其他最新潮的电子产品，每一款新商品都会让我们认为自己需要或想要它，即使我们以前根本不知道它的存在，或是根本没渴望过拥有它。

在如今这个时代，有许多力量使我们特别容易受到软瘾的诱惑。我们的社会在以下每个方面的累积效应都使软瘾更难以解决，也让这个问题更急需解决：

- 我们越来越依赖技术
- 我们关注财富，以物质的丰富程度而非充实的体验为标准重新定义"美好生活"
- 可支配收入增加
- 社会总在追逐新潮流
- 八卦消息泛滥

- 面对复杂问题时，我们倾向于快速解决问题而非深思熟虑后找到解决办法

我们走得更快、更远了，但感觉哪儿也没去成。我们赚得更多，买得更多，也做得更多，但感觉生活更贫瘠了。我们习惯了那些帮我们节约时间的设备，在以越来越快的速度移动时却总在抱怨没有时间。很多事物并不是越大越好，有时更多反而会导致更少的结果——这就是我们这个时代的悖论。当我们陷入这种悖论，满足于用更多的工具做更少的事时，我们就会成为软瘾的牺牲品。

我们拥有更多满足精神渴望的机会，但也面对着更多的干扰——一系列令人眼花缭乱的看似重要的追求。我们中的许多人已经因为那些致力于发展精神世界的书籍、研讨会和其他工具而提高了对精神追求的意识。然而，由于电子游戏的激增、对名人八卦的迷恋和诸多电视真人秀的影响，我们的意识同时又降低了。

考虑一下互联网的巨大声量和潜力——使信息触手可及的能力、实现连通的可能性、发现价值观和欣赏多样性并打破界限的机会。全球意识的概念是乌托邦式的，但互联网这种媒介可以让这个梦想更接近现实。在此基础上，互联网最常见的用途之一是访问色情网站这一事实很令人震惊。

我们面临的挑战是如何调和"多反而导致少"的这种矛盾。这需要我们学会区分软瘾和有意义的活动，以及逃避现实的娱乐和促进自我发现的交流。我们生活在一个界限模糊的时代，很容易更注重形式而非本质，更注重表象而非现实。软瘾的复杂性及其营销手段制造了一种错觉，让人们觉得它们是有意义的、丰富生命的行为。当我们花费数小时在网上买卖琐碎物品时，我们还会因为和他人建立了联系而对这种行为感到喜悦。同样重要的是，我们大多数人承受的不断上升的压力水平似乎使软瘾成了一种必然结果。我们觉得自己"需要"通过看电视来释放压力。有些发泄渠道本质上是积极的，而另一些则不是，但所有渠道都很容易成为逃避的工具。为了避免陷入逃避的困境，我们必须意识

到社会矛盾的本质及其带来的挑战。

巨大的创造力和非凡的技术创造了更多令人上瘾的事物，而这些资源本可以被用来做很多更有意义的事。充满远见的未来主义者理查德·巴克敏斯特·富勒（Richard Buckminster Fuller）曾说，我们不是在创造乌托邦，就是在毁灭我们的文明。选择在我们自己手中——解决我们这个时代的矛盾，选择更充实的生活，而不是更贫瘠的现代生活。

软瘾是如此使人麻木，又是如此的普遍，常常压倒了我们内心那些提醒我们更多可能性的平静而微小的声音。我们被咖啡因或肾上腺素刺激，被我们热衷的快餐麻痹，或者一连数小时盯着电脑或电视屏幕的时候，很难听到内心的呼唤。我们常常放弃梦想，满足于贫瘠的生活，觉得一切本该如此——认命或放弃对生活的追求。

但我们都有更高层次的渴望需要满足，而这种渴望比令人麻木的软瘾更强大。问题是，对我们大多数人来说，这种更高的渴望确实会被我们注意到，但往往只是在危机、创伤、失去甚至死亡的时刻。没有这些危机，我们很容易对生活中什么才重要感到困惑。我们认为只要我们拥有更多东西、赚更多钱、减掉更多体重或者拥有更多的名牌衣服和小玩意儿，我们就会快乐。我们欺骗自己，让自己相信这种麻木对我们有好处，但在内心深处，尽管我们可能会在短期内忽略对生命内涵的追求，但最终我们会意识到它的重要性。如果你正在阅读本书，你已经开始感受到这种召唤了。

勇于争取更多的生活

你可能大声对自己说过或听别人说过下面的话。

我的生活仅止于此吗？
有时候我觉得我在浪费生命。

我只是在浑浑噩噩地生活。

我希望能做出点儿成就。

我不想再过肤浅的生活了。

我只是想和另一个人产生密切的联系。

我希望我能发现我存在的目的并实现它。

我渴望成为宇宙的一部分，渴望与某种更高层次的存在和谐相处。

我感到内心空虚。

我的生命应该有更充实的内涵。

正如这些陈述所表明的，对充实的渴望有着各种各样的表现形式。我们每个人表达自己心目中丰富生命内涵的方式都很独特，因为我们在各自的生活中面对着不同的问题、不同的教训、不同的目的甚至不同的软瘾。我们每个人都站在不同的起点上，挣扎着从由软瘾维持的有限意识的迷梦中苏醒。我们也许会从寻找更有意义的生活方式开始，或从追求更深层次的人际关系开始。但最终，更充实的生活会转化为我们所有人的精神之旅或通向更高目标的道路。

但我们的学员来莱特研究院，并不总是为了寻求更充实的生活。相反，他们通常是为了达成一个特定的目标或解决一个特定的问题。他们可能想拥有更好的人际关系，成为更好的领导，或者得到晋升。他们可能有想解决的问题，比如提高收入，或者摆脱糟糕的工作或感情。也许他们感到孤独，想找一个生活伴侣。他们常常认为自己不快乐是因为在生活中想要的太多，应该学会知足。但是，一旦他们走上通往充实的道路，放弃一些麻痹他们感受的软瘾，他们就会突然看到眼前的可能性。他们开始明白他们想要的其实还不够多，开始有更大的梦想。他们也许实现了自己的目标或解决了自己的问题，但无一例外的是，他们明白，是他们有限的、无意识的信念和感觉阻止了他们追求更充实的生活。他们可能觉得自己不应该得到这些，或者不相信生命可以如此丰富。不管出于什么原因，他们一开始就没有看到自己梦想中生活的无限可能。而他们一旦开始追求更多可能，就会拥有无限可能。

凯蒂的婚姻濒于破裂。她能想到的最好办法就是友好地结束这段关系，然后继续生活。作为一名护士，她的生活状态完全谈不上健康。她体重超标，缺乏锻炼，长期郁郁寡欢。但在她做出了自己的核心决定（即个人对生活的承诺，你将在下一章看到这个概念的具体内容），决定通过丰富自己和他人的生命来在这世界上留下自己的印记后，一切都好转了。当然，她和丈夫的关系变得更令人满意了，她和其他人的关系也如此。她开始用心对待自己的身体，体重也下降了。她也开始更爱锻炼，因为她更喜欢自己的身体了。在采取这些行动后，她不断发现自己希望生活能变得更充实。她开始憧憬一种更令人兴奋的生活，一种她和丈夫相互支持和鼓励的生活，一种令她身体健康而有活力的生活，一种她可以敞开心扉重新唤醒精神世界的生活，而不仅仅是逃避令她感到不愉快的关系的生活。

现在凯蒂有了别人羡慕的生活。她和丈夫的关系不仅没有破裂，还日渐亲密。他们还有了一个女儿。她离开了得过且过的职位，跳槽到新的医院，成为一些重大医疗改革的负责人。凯蒂是欲望不足的典型代表。她只想解决她婚姻关系的问题，但通过练习渴望更充实的生活，她收获了健康、活力、亲密关系、成功的事业和一个充满爱与支持的家庭。

深层次的充实 vs. 表面上的丰富

像凯蒂一样，你可能不知道你错过了什么，或者你的软瘾是如何妨碍你获得更好生活的。即使你很清楚你希望拥有更充实的生活，用文字命名和描述它，将深层次的充实与表面上的丰富区分开来对你也有帮助。

请注意，下面列出了我们经常误以为代表了充实的事物。想要更多衣服、更好的车或房子并没有什么错，只不过拥有这些并不会丰富你的生命。把这两份清单并列在一起，你就会明白更充足的物质不可能满足你对更有意义的生活的渴望。

> **更多思考**

如果有人问你的生活中缺少了什么，你会怎么回答？你还想要什么？

深层次的充实	错误的/表面上的丰富
更多爱	更多八卦
更充实的生活	更好的房子
更强的创造性	更多咖啡
更多冒险	更大权力
更多知识	更多新闻
更多意义	更频繁的逃避
内心更宁静	睡更多懒觉
更充足的资源	拥有更多东西
更多感受	更强的占有性
更充实的意识	更多消遣
更多精力	更高名望
更多联系	更多假期
更多方向	更好的车
更真诚	更好的形象
更多生命内涵	更高地位
更多成就	更多逃避
更多精神满足	更多衣服

注意事项

想创造更充实的生活,你需要扫清这些障碍:
- 缺乏对丰富的渴望
- 把囤积当成丰富
- 被软瘾困住无法摆脱
- 对丰富存在恐惧
- 对风险和变化存在恐惧

获得充实的案例

解决软瘾的技巧具有某种魔力。通过追求更充实的生活,你会自然摆脱你的软瘾;通过摆脱软瘾,你会获得更充实的生活。当你运用这些技能去丰富你的生活时,其他好处会自然降临。你可能会选择追求更亲密的关系,但你会发现,你在此过程中与人沟通的能力增强了,最终因此赚到了更多的钱。或许你的生活变得更有意义,并因此在无意识中创造出一种健康的生活方式。利用这些关键技能来摆脱软瘾的人都得到了出乎意料的结果。每个人的结果看起来都不一样,但在每一种情况下,对充实的追求都会带来更好的生活、更多的爱与意义。比如下面的例子。

科里:更有效的沟通、更多时间和金钱

"我一天能喝 11 杯……"科里坦白了他每天喝咖啡的习惯。作为一名股票经纪人,他的生活已经变成了一张充满软瘾的网络。他是一个深夜电视迷,会一个接一个频道地换台,直到在椅子上睡着。早晨,他会按掉闹钟好多次,然后一杯接一杯地喝咖啡,好打起精神工作。难怪他的最高年收入从未超过 8 万美

元，这对他的职业来说是很低的。

科里不仅工作步履艰难，婚姻也出了问题，因为他对夫妻关系完全不关心。在结束了软瘾应对方案培训后，科里终于清醒地看到这种生活方式的不健康之处：他失去了控制，没有成就感，无所事事。于是，他做出了自己的核心决定——一个改变人生的承诺，迈出了摆脱软瘾的第一步。在那一刻，一切都变了。他发现了长期深埋自己内心的对沟通的渴望，并致力于在生活的各个领域建立高质量的人际关系。在罗列出所有他没能与他人建立高质量关系的原因之后，他首先尝试与自己进行更深入的联系。深夜，他会打电话给朋友，而不是无意识地转向电视寻求安慰。他早睡早起，在开始一天的工作之前先享受属于自己的美好时光。他开始以一种从未有过的方式关心客户，为他们服务。

结果是戏剧性的。因为他能更好地满足岗位需求，为客户提供了更有效的服务，他的薪水一直在增长，从每年最多 8 万美元升到了 15 万美元，再到股市一落千丈的某年的 20 万美元。最近一年，他的收入达到了 32 万美元，是他最初最高工资的 4 倍。他新培养的沟通能力极大地改变了他与妻子的关系，唤醒了他们长期隐藏的再要一个孩子的渴望，并为领养做了准备。

用科里自己的话来说："当你不再沉迷于看电视或做其他对你的生活质量没有帮助的事情时，你就会拥有更多时间。我会在早上 5 点 51 分赶第一班地铁去上班，而不是拖到 8 点或 8 点 30 分才急急忙忙地去上班。这额外的两个小时就如同多给了我 8 个小时一样，因为这段不被打扰的时间是如此幸福。我发现了更多潜在客户，和更多人交谈，和已经认识的人建立更深入的关系。我的工作习惯彻底改变了。当我理清思路，对自己想要的生活做出承诺，并做完必要的工作后，我发现的生活真谛令我惊喜不已。我掌握了一种完全不同的与人交谈的方式。我不再以让客户购买什么为目标，而是积极探索他们需要什么。如果是我能提供的，我就提供。如果是我不能提供的，我就放手。现在，我是作为一个真实的人去面对顾客的，看看这种做法带来了多大的变化。我有了更多时间和精力，薪水也翻了两番。"

乔丽：更健康、更满足

"单身、苗条、成功、不抽烟、热爱生活。"在努力摆脱自己的软瘾后，乔丽这样描述自己的生活方式。此前她烟瘾很重，体重也一直超标。她绝望地到处寻找白马王子，希望这样的人能把她从单身生活中拯救出来。她每天的日常生活就是工作和休息、工作和结束工作、工作和逃离这个世界。

幸运的是，她在一个周末的软瘾应对方案训练中做出了自己的核心决定。她承诺要全身心地爱自己。在那次训练中，她本来没打算戒烟，却毅然决然地抛弃了香烟——这对她来说是个惊喜，因为她以前多次戒烟都没有成功。她爱自己的承诺得到了兑现，在她所到之处产生了巨大的影响。毕竟，她为什么要毒害她所爱之人的肺呢？

在迈出这强有力的第一步之后，她开始更深入地审视自己的软瘾网络。她开始吃更健康的食物，最终通过节食减轻了体重。她变得更加自信，决定不再等着真命天子到来，而是真正享受单身生活。她开始和很多优秀的男性见面，通过约会的过程来更多地了解自己，去发现什么对自己重要、自己在乎什么。

"我已经不是原来的我了。但事实上，我比以往任何时候都更能做自我。"她解释道，"现在的身体让我感觉很好。我经常锻炼，吃得好，有一群很棒的朋友和非常活跃的社交生活。我的软瘾以一种奇怪的方式成了我的意外之财。自从我开始更深入地观察它们，我就彻底改变了自己的生活。我以全 A 成绩完成了硕士课程，现在是一名成功的顾问，改变了很多很多人的生活。但最重要的是，我热爱我的生活。有多少人能这么说呢？"

蒂芙尼和罗恩：更亲密、更多共鸣

罗恩和蒂芙尼似乎拥有了一切。他们是朋友口中的模范夫妻，相貌般配、财富可观，有两个可爱的孩子、完美的家以及时髦的生活方式——只不过蒂芙尼因为沉迷于购物而花在丈夫、孩子和家庭上的时间越来越少。此外，她还沉迷于反复装点他们本已足够精致的家，甚至花1万美元定制了一条铺在走廊上的地毯，给两扇窗户买了价值8000美元的窗帘，还有其他一些大件。罗恩也有自己的问题。他对着电视机发呆，吃糖上瘾，痴迷于看起来很酷的小玩意，总要先别人一步拥有。他是个成功的销售人员，因此频繁出差，而当他回到家的时候，他会用自己那套娱乐方式分散注意力。而蒂芙尼则会用购物和装饰房子来打发时间。

在一些坦诚的讨论之后，他们寻求了额外的指导和支持。由于罗恩家族有酗酒史，他意识到自己尽管已经戒酒，但还没有学会如何应对自己的感受。他发现自己深深渴望与人交往，但在花了这么多年装腔作势后，他真不知道如何真诚地与他人沟通。蒂芙尼意识到，多年来，她的自我价值是建立在她的外表上的，她也在用同样的思路装点自己的家、打扮女儿们。其实，她渴望了解真实的自己，并希望别人能重视这样的自己。罗恩和蒂芙尼做出了他们的核心决定：蒂芙尼致力于过一种充实而深刻的生活，罗恩则致力于与他人建立深入的联系。他们共同的发现对他们生活的各个方面产生了连锁反应。他们都认为，家族遗传的软瘾和这种无意识的循环应该停止了。他们将致力于学习和成长，改变自己的生活，为女儿们做出榜样。

现在，他们的生活完全不同了。当罗恩学会更真诚地对待他人时，他已然很成功的事业也就一飞冲天了。他先是得到晋升，随后创立了自己的公司，第一年就获得了100万美元的收入。蒂芙尼重返工作岗位，开始了充实的教练和培训生涯，最近还获得了硕士学位。他们一起发展了一种超越他们想象的亲密关系。作为一家人，他们有一种能够真正激励他人的东西——这与单纯的王子和公主的故事相去甚远。

摆脱软瘾，追求充实

你可能想知道为什么一本介绍软瘾应对方案的书的第1章充满了关于充实的内容。这是因为人生过得好的秘诀是希望过上并学会期待更好的生活。如果你允许自己去追求，下文中帮你摆脱软瘾的技巧将让那种生活成为现实，赋予你更充实的生活。通过更直接地追求充实，你自然会摆脱你的软瘾。这套方法对我和成千上万人的生活产生了巨大的影响。在接下来的章节中，你将从一个核心决定开始，解锁8项关键技能，它们有可能给你带来你一直梦想的生活。

第 2 章

做出你的核心决定

我们必须做出能使我们最深层的真实自我发挥能力的选择。

——托马斯·默顿（Thomas Merton）

伟大的人生需要伟大的决定——核心决定。你的核心决定是你对你人生质量的承诺——对过上更好生活的承诺。当你做出这个选择，并学着按它的指导生活，它就会对你生活的方方面面产生积极的影响。它是一种强大的向导，引导你获得真正的满足，并远离软瘾的虚假承诺。

这不仅仅是一个简单的决定，而是一个决定了你生活质量和方向的关键决定。这个强大的决定会影响你其他全部生活选择，引导你在事业、自尊、人际关系、奉献、精神等方面获得满足。

核心决定可能是你一生中做出的最重要的决定。然而，如果你和大多数人一样，你可能没有意识到自己应该做出这样一个决定。我们经常一边生活一边想，生活可能就这样了。过得去就算是最好的状态了。我们用软瘾麻痹自己的痛苦，应付生活的苦难。因为缺乏一个指引方向的决定，我们陷入了困境。有时，我们可能会意识到有些事情是不对的，并试图做些什么，但总有一种感觉挥之不去：我们的人生本该更充实。我们还没有发现，做出核心决定能给我们

> 你不能选择你将如何或者何时死去,但你能决定自己如何生活。现在就能。
> ——民谣歌手琼·贝兹
> (Joan Baez)

带来更充实的生活。

我们都面临这样的抉择:是选深刻、有意识的生活,还是浅薄、无意识的生活?我们如果不去努力争取对我们最重要的事物,就会陷入一种缺乏引领的无意识的生活。当你为核心决定努力时,你就有了一个运用技能摆脱软瘾的理由。以你的核心决定为指导,你会设计出充实的生活,做出更多选择,也就不那么依赖软瘾了。核心决定最终会成为一个承诺,让你的生活更充实,让你为得到你想要的生活做出更多努力。

你还没有正式揪出你的软瘾,或者确定自己理想中的生活愿景,也没有学到实现这个目标的技能,但即使是在这个时候,你也站在巨大的兴奋感和满足感的边缘,因为你将做出核心决定。在做出这个决定并学着去实践它的过程中,许多人会意识到承诺的本质。你可能会感到兴奋或害怕,但是,如果你渴望更充实的生活——如果你厌倦了你的习惯,厌倦了空虚,或者决心过一种有意义的生活——那么你就有动力和欲望做出这个承诺。它将指引你读完这本书,过好你的生活。

意志力再见,自由你好

摆脱软瘾的根本,是决定过一种强大、丰富、有意义的生活。摆脱软瘾需要的不是你的意志力,而是让你的思想和行动符合这个更大的承诺的觉悟。有这座灯塔在前引领,软瘾就变得不那么吸引人了。我们的学员为摆脱软瘾已经尝试过无数方法,但在做出核心决定后,他们才体会到改变的力量。他们做的不是尝试不陷入软瘾的束缚,而是专注于践行自己的核心决定。

"我再也不节食了！再也不了！"桑德拉沮丧地喊道，"过去的20年我减掉的重量已经跟我剩下的体重差不多了，说不定还能再加上你的！可我眼睁睁看着体重又一磅一磅地回来，甚至比减肥前还重。"桑德拉尝试了各种各样的节食法——无糖、无脂肪、无盐、无小麦饮食，根据血型和体型设计的食谱，高纤维饮食，流食和特殊食物饮食。她还尝试了一些新世纪风格的健康饮食法，包括禁食、清肠、针灸和素食主义。她还尝试过许多单一食物组节食法，如卷心菜肉汤、鸡蛋、芹菜、金枪鱼、白干酪、葡萄柚减肥餐等。用她自己的话说："如果我把它们混在一起，也许我可以吃一顿好饭！"

桑德拉最终拒绝再增重或减重一磅。她决定再也不在减肥这场游戏上浪费更多精力，毕竟这对她来说从来就没有用。完全是出于偶然，也可能是命中注定，她参加了核心决定课程。那个周末，她做出了自己的核心决定——"我很爱我自己，我是上帝独一无二的礼物。"当她开始根据自己的核心决定生活时，她发现自己提出的问题深深地影响了自己的日常饮食。现在，假如你要给你爱的人食物，你会给他们什么？这种食物对你爱的人来说是最好的吗？她想，她很可能不会让他们站在冰箱前吃剩饭剩菜。她逐渐学会更好地照顾自己了。在没有选择减肥的情况下，她减掉了22磅。她也开始期望得到更多尊重，同时更加关心别人。她成了一名更好的经理，并因此获得了加薪。她的工作变得更有意义，她与别人的关系也加深了。她渴望的那种美好开始反映在她的家里。桑德拉知道她不会一夜之间变瘦，但这不是她的重点。她的核心决定教会了她去创造梦想中的生活——这恰好包括更具活力、更健康的身体，更好的人际关系和更高的生活质量。

不明智决定与核心决定

正如你在导论中读到的，我在发现核心决定的作用并做出自己的核心决定之前，在自己的生活中做了很多"不明智决定"。不明智决定指你认为会让自己开心或满意，事实上通常不会带来任何好结果的决定。

在青少年时期，我超重、过度劳累，生活得很不幸福。当时我认为，我不快乐是因为我胖。这是我的问题，所以我决定减肥，制定了饮食计划并开始实施。我之后变瘦了，但还是不幸福。我的生活仍然与食物方面的软瘾有关——吃什么、不吃什么、什么时候吃、吃多少。我已经决定要减肥并且成功了，但我并没有决定要让自己感到满足，只决定要变瘦。失望之余，我寻找了另一个解决办法。我想，我需要一段感情，这样才会快乐。所以我和大学时的男朋友恋爱了。但是，我仍然不快乐、不满足，感觉空虚。

我又一次做出了不明智决定。你可以看出这个决定的不合理处。我决定减肥，以为这样自己就会开心。我决定谈恋爱，以为这样自己就能得到满足。但问题是，尽管我已经成功减肥并开始恋爱，但我并没有下决心要过上美好的生活。

我做出核心决定后，一切都改变了。突然之间，我不用节食就能轻松保持体重了。我找到了合适的伴侣、理想的生活，甚至感觉自己变成了最好的样子。我的日子变得很令我满足，我不再等待某种让我开心的魔法。我不再做减肥或恋爱这种不明智决定，以为光凭这些就能过上美好的生活。我做出核心决定后，它让我直接进入了美好的生活。

活得肤浅还是深刻

从最广泛的意义上说，核心决定就是在对立面之间做出的选择：是选择感受生活的深刻意义还是麻木地活在表面，选择有意义的活动还是逃避现实，选择精神世界还是基础欲求。它意味着在生活在令人愉悦、麻痹感知的迷雾中和体验真正的痛苦与快乐之间做出选择，在模糊的自我意识和对最深层次情感的敏锐意识之间做出选择。它选择质量而非数量，精神而非物质。做核心决定就是选择过一种深思熟虑的、有意识的生

> 生存还是毁灭，这是个问题。
> ——英国文豪
> 威廉·莎士比亚
> （William Shakespeare）

活，而不是得过且过。生存还是毁灭是真正的决定，不管我们是否意识到，这都是我们每天在做的决定。

正确的结果和错误的决定

我们中很多人认为我们已经选择了一种深刻的、高质量的生活，但实际上我们并没有。我们可能会做一些深刻的事或者增加一些高质量的体验，但我们并没有做出一个改变我们生活结构的根本性的决定。当我决定减肥时，我以为我做了一个重要的决定，但这并不是一个会改变我生活的决定。当我决定过一种有意识的、深刻的生活时，我的生活改变了。我意识到履行这种承诺和仅仅在生活中增加有意识的活动是不一样的。

例如，我遇到过很多有精神追求并认为自己已经做得很好的人，他们每天会冥想几个小时，但接着就会不断地抱怨，沉溺于情绪和其他软瘾中。他们仍然过着令人沮丧和不够满足的生活，与他们更深层次的需求脱节。在没有做出核心决定的情况下，仅仅增加几节瑜伽课或冥想课是不够的。但在做出核心决定后，我们以其为准则做出的所有事都对整体有益，并会把我们带到我们最终想去的地方。

玛雅想变得完美。对她来说，完美意味着严格控制的体重、健美的身材以及恰到好处的发型。她开始了她的养生生活。她健身、节食，并向发型师咨询如何保持头发完美。她学习了造型和化妆技巧。一天，她在度假的俱乐部一觉醒来，心想："我的生活就是这样了。这一天就是这样了。我是完美的。我的体重合适，身材结实，皮肤晒成古铜色，发型也很棒。"然后她意识到，她找不到可以倾诉这些的人。"我该怎么做？去海滩上逢人便说'嘿，我今天很完美'？这有什么意义呢？"

几年后，玛雅的身材依然很好，但她对它的定义不同了。她做了一个不同的决定。对她来说，重要的是她的思想、身体和精神。她会冥想、做普拉提，和一个优秀的男性保持健康的关系，并利用她的商业智慧和人脉帮助其他人过上美好的生活。如今她看到身为时装模特的朋友时，仍然会感到一阵嫉妒，但她知道，重要的是她的整体生活，而不仅仅是拥有完美的 S 型身材。玛雅的身材依然很好，但现在她对自己身材的要求是"匀称健康"，而不再是"完美"。

核心决定的力量

你的核心决定就像灯塔一样闪耀。它召唤着你，指引你在迷茫中找到方向。核心决定会在一切顺利时指导你的生活，也会在困难时期影响你的决定。当你感觉失去控制，它能带给你方向感和控制感。你会发现你总是可以用更高的原则或价值来指导行动。你总是可以选择你想要的体验和回应方式。

当你做出了核心决定，你就做出了追求更伟大的生活的选择。你的核心决定会支持你走完之后的旅程。你将准备好辨识并摆脱你的软瘾，因为它们在你通往有意识的生活——你想要的生活的路上设置了障碍。

如果你决定每天更深刻、更有意识地生活，认识到你的精神需求，调整你的思想和行动以实现它们，你的生活会发生怎样的改变？如果你所做的一切都可以成为一个更有意义的整体的一环呢？想象一下，你因为找到了自己想要的生活，从而不会再感到空虚。想象一下，每天结束时你都感到精力充沛，对你的世界的每个方面都很敏锐——你每天都过得很好。

要做到这一点，你需要做出一个决定。当然，我们选择软瘾是一种事实上的决定。我们通常没有意识到这个决定和它的含义，我们不明白其实是我们选择了麻木而非充满活力的生活。有时麻木感褪去，我们会看到实际上是我们在浪费生命。但在感受迟钝的软瘾状态下，我们的清醒程度达不到能让我们思考人生道路的水平。

我们的软瘾偷走了我们的活力，减少了我们发自灵魂的渴望。因此，我们很少会问自己，在生命的尽头，我想对自己说些什么？谁会愿意回答说，自己花了大量时间上网，沉溺于幻想，试着赚比去年更多的钱？我们被软瘾蒙蔽了双眼，看不到我们可以被更靠近自我、他人和自然的渴望指引，选择去问自己是否度过了深刻而有意义的一生。

有时候，悲剧、疾病或突然失去什么的经历会让人们意识到对自己来说什么才是最重要的。有了这

> 我宁愿成为灰烬也不愿做尘土！我宁愿我的火星在灿烂的火焰中燃尽，也不愿它被枯朽所扼杀。我宁愿做一颗壮丽的流星，每一个原子都发出灿烂的光芒，也不愿做一颗昏昏欲睡的永恒的行星。人生在世应该生活，而不只是生存。我不会把时间浪费在延长生命的尝试上。我将充分利用我的时间。
>
> ——美国作家杰克·伦敦
> （Jack London）

样的认识，许多人下决心要改变自己的生活。然而，大多数人只会努力一段时间，最终还是会回到原来的模式。他们只是突然意识到改变的需要，但并没有做出根本性的、改变生活的决定。如果核心决定在你心里等同于新年愿望，你的软瘾很快就会故态复萌。我愿意帮助你做出核心决定，让你坚持下去。你将用你生命中的每一股力量去拥抱它。这个决定将持续并指引你一生。

软瘾经验谈

克莱尔：每年我都会做出一个新年决定，制订一个更严格的锻炼计划，但我从来没有照着做过。但今年我做出了核心决定：我要让自己的精神世界更充实。我没有制订计划，但我的锻炼变得更规律也更令我有成就感了。我的核心决定使我在锻炼的时候也能做到冥想和祈祷。现在锻炼对我来说感觉像是一段神圣的时间，而不是一种为了保持身材而接受的惩罚。在这个过程中，我仍然能减掉怀孕后增长的体重。

常见的选择

核心决定会转化为许多个人选择。如果你决定过一种让精神世界充实的生活，那么你会改变你消耗时间和精力的方式。对一个人来说，这可能意味着少花些时间盲目购物，多花些时间和亲密的朋友认真交谈。对另一个人来说，这可能意味着放弃一份让人得不到满足的无聊工作，去追求可以延续毕生的事业。显然，核心决定的含义因人而异。

但并不是所有决定都是如此。每一天，我们都要做出成百上千个决定。从穿什么、空闲时想什么到午休时要做什么，我们沉浸在各种选择之中。我们整天做决定，却缺乏一个真正的指导原则。我们经常被我们拥有的选择迷惑，或者只会根据日常习惯自动做出选择。我们的核心决定可以提供指导，提供一个让我们衡量所有事情的尺度。

有意识做出的核心决定可以帮我们避免无数欠考虑的决定，以及内心无休止的争吵辩论、讨价还价和喋喋不休。我们更容易看到哪种活动或情绪能加深我们与自我和更高的意识之间的关系。那些经常为该做什么而烦恼的人，和那些浑浑噩噩过日子的人，都是需要核心决定的人。

> 生活是一个不断决定要去做什么的过程。
> ——西班牙思想家奥特加·伊·加赛特
> （José Ortega y Gasset）

下面列出了一些常见决定。看看每对选项中的哪一个你更有可能选择。不要选择你理想中的答案，而是选择符合你情况的。

A. 休息时随便调台，心不在焉地看一阵，直到上床睡觉才关电视。

B. 在电视指南中搜索你关心的话题或问题，或关注与你生活中出现的重大问题或事件有关的节目。

A. 晚睡，然后匆匆忙忙去上班。

B. 早点儿起床，记日记，为新的一天做好准备。

A. 和朋友聊谁和谁正在交往。
B. 和朋友谈论你的内心世界。

A. 周末一天从早到晚不停地购物，打扫房间，做其他家务。
B. 从周末的琐事中抽身出来，花点儿时间独处，听听音乐、有深度的电台节目，或者做做冥想。

A. 一周工作六到七天，总在抱怨这份"愚蠢的工作"。
B. 意识到你的态度正在折磨你的灵魂，开始寻找一个更有价值的职业。

A. 把额外的时间都花在工作而不是家庭活动上。
B. 在工作时间处理好工作，这样就有时间和家人在一起了。

A. 一边看情景喜剧，一边狼吞虎咽吃快餐。
B. 摆好桌子，放着美妙的音乐，点上一支蜡烛，享用一顿美餐。

A. 在工作或家里的空闲时间幻想着不属于你的物质生活或与你几乎没交集的对象。
B. 不是全身心地投入到工作中，就是出去和朋友加深联系或结交新朋友。

我们所有人，无论是否做好了核心决定，有时都会下意识地做出不够有意义的选择。做核心决定的意义不是选择完美，只不过对我们每个人来说，做出令人麻木的选择和做出让我们感觉充满活力、能够充实生活的选择相比，是要付出巨大代价的。这一个又一个决定让我们牺牲了自己的梦想。如果我们忘了

> 心灵的纯净就是所求始终为一。
> ——丹麦哲学家
> 索伦·克尔凯郭尔
> （Soren Kierkegaard）

要观察生活，忘了我们生活的意义，那么我们的生命就会在无意识中被浪费。在下面的章节中，你将学到摆脱软瘾的更多步骤，而第一步就是要做出属于你的核心决定。

虽然你在读这本书的时候可能还没有准备好做出这样的人生承诺，但你可以通过尝试来感受一下这样做的好处。选择生活中真正重要的事，让它们帮你为更有针对性的核心决定做好准备。一旦你开始围绕这个更大的决定调整生活，你就会发现自己被那些能带给你更多你真正渴望的事物的选择所吸引。

核心决定甚至比我第一次发现它时变得更有力量和影响力了。我是在软瘾应对方案训练中首次使用这个概念的，但当人们做出核心决定并据此行动后，结果不仅仅是他们改变了自己的习惯和行为。核心决定产生了深远的影响，并从那时起成为我们所有培训的重要基础。事实上，我有一本书就是以核心决定为标题和主题的。你如果想更深入地了解核心决定，可以参考那本书。

核心决定是什么样的

核心决定是个人化的、独特的。下面是人们做过的一些核心决定。

我要做一个正直的人——诚实的、真诚的、可靠的。
我要无条件地爱自己。
我要拥有丰富的精神世界。
我的生活在于冒险。
我清醒，忙碌，活在当下。

这些不同的表达实际上体现了同一个决定：过更充实的生活。这些表达的共同点是我们对比个体更宏大的事物的渴望，对爱、接纳或真理的渴望。它们使人们认识到自己是有价值的、杰出的，值得过非凡的生活。作为极其强大的试金石，它们的"作者"总是可以在有疑问或沮丧时回头看看自己的决定。无论遇到什么样的问题或机会，他们都可以参考自己的核心决定。如果他们情绪低落，核心决定可以激励他们；在他们迟疑不定的时候，核心决定会指引行动的方向。核心决定提供了动力和指导，帮助他们采取必要的措施，摆脱软瘾的影响。

然而，做出核心决定并不意味着你要和你的软瘾永别。这不是重点。只不过，下次当你发现自己漫无目的地调着台或者沉溺于数小时的八卦时，你就有办法控制自己的软瘾了。你对自己行为的意识会影响你：你会回想起你做过的核心决定，这将帮助你控制花在这些空虚追求上的时间和精力。

核心决定会帮助你以一种新的方式与自己相处。当你沉溺于软瘾时，它能让你问自己更有趣的问题。例如，你会问自己：为什么我要把所有时间都花在看电视上？电视是否帮助我满足了内心深处的渴望？看这个节目是否比和朋友在一起更有意义，更能引起我的共鸣？比起责怪自己看太多电视、找个借口为自己的习惯辩护（今天我过得很艰难，应该看电视放松一下）或干脆放空自己不去思考，你更可以参照你的核心决定，用不同的方式来解决你的软瘾问题。只有下决定过一种有意识的生活，你才会发现潜藏在软瘾下的深层原因。无论核心决定是在你的脑海中还是在一张纸上，你都可以参考它，用新视角看待你的活动或情绪，获得力量和动力，做出更有意义的努力。

为了说明核心决定的影响，我以两个人——劳拉和杰夫为例。他们都要为工作中的一个重要会议做准备。杰夫起床时感到精神紧张，似乎一切都出了问题。他对会议充满焦虑，整夜辗转反侧，几乎没合眼。他精疲力竭，不停地按掉闹钟，躺到不得不起来的时间才跳起来赶往办公室。他在家里四处打转收拾东西，没什么机会跟妻子和孩子说话，还大口灌下几杯咖啡以保持清醒。他发疯般地开车去办公室，一会儿换车道，一会儿加速，同时不停地在收音机上调台，以分散注意力。

劳拉睡了一夜好觉，醒来时也为会议感到焦虑。但她的核心决定是"接受自己的感受，重视自己"，这让她做出一系列让她平静下来的选择。她起床后的第一件事就是根据核心决定调整行动。她接受了自己会感到焦虑和害怕的事实，花了很短的时间冥想，为自己的一天祈祷，在她知道不会有人来打扰自己的地方享受孤独。从冥想中回过神后，劳拉叫醒了丈夫，给了他一个大大的拥抱，同时也用心体会着他的回抱以及那种被关心和珍惜的感觉。虽然本周由她丈夫负责叫醒孩子准备上学，但她还是到他们的房间里吻了他们，然后道别。她给自己留了对报告进行彩排的时间。在上班的路上，她听了一张喜欢的CD，尽管她也感到很害怕，但她对这一天有积极的展望。

劳拉的核心决定实际上指导她做出了其他决定。杰夫缺乏一种扎根于生活的视角，所以他常常会逃避自己的感受和焦虑，而不是面对它们。

软瘾经验谈

贝丝：我今天给一个潜在客户回了电话。我的软瘾是装腔作势，所以通常我为了获得他人的好感或生意就会说或做任何事，甚至会撒谎或答应一些我本不会答应的事，但这次我没有。我参考了自己的核心决定"我要做一个真实的人"，冒着风险对客户的几点意见提出了反驳。令我惊讶的是，我们并没有像平常一样迅速地挂断电话，而是进行了更深入的交谈。我不仅谈妥了新的业务，还得到了额外的推荐，只因为我坚持了我的核心决定。

你面前的路还很长

我不想做出错误的保证，让你以为只要做出核心决定，一切都会自动变好。

核心决定只是旅程的开始，而且在这个过程中你会失败，但你的核心决定可以帮助你评估并理解自己的行为，并重新定义什么对你最重要。

肯德拉低头看了一眼账单，惊讶地发现自己在咖啡上一共花了2500美元。她正在对自己的软瘾做成本估算，在看到自己在高档咖啡上花掉的几千美元本可以负担她没能负担的假期费用时，她大吃一惊。为了这让她每天都感到焦虑和紧张的事情，她竟然做出了这么巨大的牺牲。她喜欢喝咖啡时泡沫发出的声音，喜欢去钟爱的咖啡馆，喜欢熟悉的咖啡师以及点单时吐出那串绕口名称时的感觉。这个习惯让她觉得自己很重要、很特别。每天都能用同样的仪式给自己一个休息的机会，这让她很安心。

但在参加了软瘾解决方案培训后，肯德拉做出了自己的核心决定：她要全身心拥抱并感受她的生活。她要选择真正地活着，而不仅仅是靠咖啡因来获得虚假的活力。此后，咖啡就不再对她有那么大的吸引力了。她开始增加一些让她感到自己更具活力的活动。她开始学跳舞，发现优雅和动感赋予了她自由的感觉。她勇敢地走出去与朋友和客户交谈，从这些人际关系中获得了自然的活力和兴奋感。她通过写短篇小说、设计和制作被子、装扮住宅等方式释放了自己的创造力。

肯德拉的旅程并非一帆风顺。她说，她想吸引异性时仍然会做一些愚蠢的事情，拖延症也在持续纠缠她。她甚至会时不时喝一杯3美元的咖啡。不过，肯德拉已经能清晰分辨这些软瘾以及给她带来真实感和意义的活动了。核心决定唤醒了她。她变得更有意识地关注生活中的事情，而不再浑浑噩噩地混日子了。对肯德拉来说，她如今的生活方式变得更深入，更专注于感觉。她觉得她的生活有了目标，这让她不再随波逐流。

人们问我，下决心过一种高度自觉的生活之后会有什么感觉？做了核心决定后又是什么感觉？我没有去解释，而是和他们分享了摆脱软瘾后的人们给我的反馈。

我现在的收入已经超乎过去想象了……我的朋友圈扩大了……我愿意承担巨大的风险，开始期待下一步会发生什么……我如今的满足感更强了……我更喜欢我的工作和生活，过得开心极了……我和家人、朋友和妻子的关系已经好太多了……我在日常生活中感受到的力量成倍增长……我成了我想成为的那种领导者……我现在有了自尊……我成了更好的家长……我和孩子们的关系令人羡慕。

最重要的是，人们谈论的是开始一段旅程，打开一扇新的门，踏上一条新的道路。虽然你可能要走过很长的路才能实现精神上的满足或找到生活的意义，但你会体验到一种朝着新方向前进的强烈感觉。这段旅程本身就令人感到充实。这条道路带来的兴奋和能量会促使你采取下一步的行动。

软瘾经验谈

莉莉安娜： 我终于清醒了。我不知道我此前的生活中有多少时候是在梦游。我甚至在开会的时候都会睡着。自从做了核心决定——"活跃、清醒、投入"——我就成了那个会举手或领导小组提出新倡议或新想法的人。我过去讨厌看自己的照片，因为我总是心不在焉的，真的不好看。现在人们都说我很上镜。我终于有活着的感觉了。

为什么你不需要对自己太苛刻

也许"核心决定"的概念听起来有些诡异，就像在说你和天使签订了什么灵魂契约一样。虽然这是一个重大的决定，但它不是非黑即白的。实践它并不意味着你必须过纯粹的精神生活，或者不能再享受任何成为你软瘾的活动。它只不过是改变了你的视角，改变了你看世界的方式，改变了你的生活质量。你应该期待生活中发生重大的改变，但不是通过变成一个苦行僧的方式（除非你就是要走这条路）。以下是大多数人的经历。

你会问一些重要的问题。 你不再纠结细节，而会开始问那些重要的问题。你不再无休止地思考：我该穿什么？我该买什么小玩意儿？我想要什么甜点？你将根据自己的核心决定来做出这些选择。你会醒悟，发现自己曾经如何花费了大量的时间和精力不断地问自己这些小问题，其中大多都很肤浅。虽然寻找一件漂亮的连衣裙这件事本身没有什么问题，但纠结一次派对上要穿什么衣服，花上几个星期的时间从一家商店辗转到另一家商店，就是没有意义的。

在做了核心决定之后，我们仍然会问这些问题，仍然会挑选一件要穿的衣服或要买的电子产品。但我们做出的决定会变得更有意义——衣服可能会传达出关于身份的意义，而购买电子产品的行为不再仅仅是出于拥有最新、最酷的东西的渴望。这些小问题会转化成严肃的思考，比如，哪个选项能帮助我实现我的愿景？更重要的是，我们将开始提出重要的问题，并花时间思考答案。这些问题包括：我的目标是什么？什么能帮助我实现目标？我的生命有何意义？我如何让我的生命更有意义？是什么赋予了我生命的意义？

你会体验到更强烈的感受。 一旦你做出核心决定，麻木感就会消退。快乐、活力甚至愉悦感都是做出核心决定后的情绪冲动的一部分。同时，问自己重要的问题也会让你感到恐惧和悲伤。探索你的目标可能是一场斗争，你可能不得不面对多年来因为没有目标而造成的浪费。你要准备好面对欢笑、悲伤和哭泣。你不太可能只经历其中一种而不经历其他。

你会感到更清醒、更投入。 你的核心决定唤醒了你的生活。你变得更清醒、更投入，会注意到你周围和你内心的世界。因此，生活变得更令人兴奋。你不会再逃避生活的变化，而会本着冒险家的精神拥抱它们。

你会对成瘾行为有新的认识。 你会对你的软瘾产生新的看法。你会以核心决定为准绳去考察自己的每一种情绪和活动。你不会下意识地吃东西、抽烟、八卦、幻想。你会自问：我现在感觉怎么样？我现在想做这件事的原因是什么？这件事将如何引导我认识我自己，变得更清醒，获得更多支持？因此，你会把看电视重新定义为一扇通往你平常没机会进入的世界的窗户。你不再漫无目的地上网，而是专心探究一个满足更深层需求的特定问题。阅读不是为了逃避现实，而是为了获取知识、灵感和智慧。

你将开始反思你做这件事的动机，感受你的感受。这种反思可以减少你对软瘾的依赖。或者更准确地说，你把软瘾变成了有意义的行为。

例如，我在写前一段时突然开始感到焦虑，并注意到我内心深处对当晚的一个约会感到紧张。突然间，我想退缩了：小睡一下，喝杯咖啡，打几个无关紧要的电话，等等。但我根据我的核心决定——"保持清醒，充满活力，感受自己的感受"——发现了这种状态的本质：我很焦虑，并在寻找任何可能的方法来避免它。我知道我需要去软瘾的冲动之下挖掘深层感受。我没有逃离，而是进行了一次有意义的休息。我听了一首喜欢的歌，泡了一杯好茶，让我所有的感情都浮上水面。我闭上眼睛，回顾和调整了一下晚上的计划，直到觉得满意为止。我感到紧张的情绪被释放了。这样做使我放松，让我重新开始写作。我感到精神焕发，意识到这对我来说很重要。有意识地选择休息和逃避拖延有很大的区别。

确定你的核心决定

拿起这本书并读到这里的时候，你已经朝着你的核心决定前进了。我之前说过，核心决定并不是为了让你变得完美，所以在这一点上，你不需要担心能否做出一个完美的决定。事实上，对你的生活做出什么样的承诺并不重要，但是做出承诺这个行为本身是非常重要的。现在，你可以选择更充实的生活，无论你具体是如何定义这个概念的。你也可以试着做出核心决定，看看什么最适合你。你可以选择坚持真理，感受自己的感受，把生活当成一场冒险，珍惜活着的每一刻。同样，在这一点上，你选择哪一个并不重要，重要的是你开始追求更伟大的事物。本书后面的练习册里有一些练习，可以更好地帮助你探索你的承诺。

享受各种可能性吧。以肯定的态度思考你的决定，而不要把决定当成一种愿望或一味的要求。你发表了一个鲜活的宣言，它会随着你的成长变得更清晰，因为你的核心决定会在你的一生中成为更大的焦点。记住，决定是确定了就不变的，但是解释和解读可能会随着时间的推移而变化。你决定过你想要的生活——更充实的生活。

在你学习如何开始这种生活的过程中，你的核心决定会指导你，并提供一套支持你的基础。核心决定会让你认识到你是一个有价值的、伟大的人，值得拥有伟大的生活。有了核心决定，你现在就可以继续前进，找出那些让你的生活变得更贫瘠而非更充实的软瘾了。

第 3 章

确定你的软瘾

我通常会抗拒诱惑，除非我无法抗拒。

——美国演员梅·韦斯特（May West）

毫无疑问，在我提出"软瘾"这个概念以来的15年里，人们第一次听到这个词时总会茅塞顿开。他们会立即举出一种常见的软瘾，甚至会以自己为例，回答说"哦，是的，比如看太多电视"或者"我花了很多时间上网"。在了解更多之后，他们通常会发现更多软瘾，比如聊八卦、咬指甲或收集东西。还有一些人更了解其他人的软瘾，"我丈夫对运动很狂热"或者"我妻子疯狂买鞋"。

我们大多数人都能识别出至少一种让我们着迷的活动。很少有人会拒不承认自己沉迷于电视、体育比赛、购物、工作以及任何休闲活动中的一两种。更困难的是承认这些行为的代价和危害——它们如何让我们无法过上我们想要的生活。大多数人认为软瘾是一种无害的消遣、一种释放压力的途径或仅仅是一个讨厌的小习惯，但没有意识到软瘾在金钱、时间、精力、生产力、亲密关系、动力、机会方面让我们付出的成本——你原本能让生命变得更充实。

如果意识不到软瘾的代价，我们就会缺乏足够的动力去全面审视我们的生活，找出那些不那么明显却让我们沉溺其中的习惯。它们并不总像沉迷看电视那样一目了然，但是往往更加阴险。我们不习惯把情绪看作我们可能上瘾的对象，也不知道我们其实可以利用熟悉的情绪作为避难所。同样，许多人沉迷于逃避模式，如拖延或逃避社会交往。

此外，我们把自己卷进了许多表面上似乎无伤大雅，但累积影响却巨大的日常琐事里。我们在这些小事上浪费了大量的时间——从强迫症般地查看电子邮件到清理指甲、过度在意外表，再到每天看天气预报 10 次。虽然这些行为看起来没有什么害处，但它们剥夺了我们可以花在更有意义的追求上的时间和精力。我们可能没有意识到，我们不断翻看自己投资账户的冲动属于软瘾，是让我们陷入困境的许多小习惯之一。

> **更多思考**
>
> 看电视时，人们平均每 28 秒就会按一次遥控器。想想你在看电视的一个小时内按了多少次遥控器吧。

否认和防御心理提高了识别软瘾的困难度。我们将在下一章中展开讨论这个问题。现在你应该知道，你很可能矢口否认，努力使软瘾合理化，或者为你的某些软瘾习惯找借口。很有可能的是，你已经找到了可信的借口，让你相信这些习惯不是问题。也可能你承认这些软瘾的存在是个问题，但没有严重到需要担心的地步。相反，你把自己的软瘾归咎于人性，暗示每个人都有这样的弱点。因此，你很难识别你的软瘾，毕竟你把它们看作一些小缺点，而不是影响你过上理想生活的障碍。

事情比你看到的复杂得多

"我知道。我知道。我知道。"这是被人嘲笑有网瘾时杰森的典型反应。杰森很清楚自己在网上浪费了大量的时间，无论是在工作上还是在家里。他坦承，自己花在网络游戏、体育或色情网站上的时间似乎是无穷无尽的。妻子的抱怨和上司对他的斥责让杰森开始意识到自己的软瘾问题，于是他做出了核心决定——"要过一种积极冒险的生活"。随后，他的生活有了翻天覆地的变化。与盼着上网不同，他开始把更多时间投入与妻子和孩子的相处中——去动物园，玩游戏，一起做创意菜，谈论彼此的梦想。他更深入地投入工作中，挑战一些对他的行业来说已经过时的政策，并开始以一种从未想过的方式享受工作带来的兴奋感。

当杰森开始这段旅程时，他没有意识到的是，他对上网的巨大软瘾实际上掩盖了许多较小的软瘾。"我不知道我是怎么走到这一步的，但我的整个生活中都充满了软瘾。"他最终自己承认了这一点。例如，他每天都会无意识地吃糖，然后出于对吃了这么多糖的内疚，他每天晚上都会去体育馆和伙伴们打篮球。对他来说，吃零食和锻炼相互抵消了，它们只是他生活方式的一部分，他没把它们看作无意识的习惯。

随着杰森自省意识的增强，他意识到在不上网的时候，他经常从幻想中得到刺激。有些是关于性的，有些则关于逃跑和复仇。他觉得上司故意刁难自己，想象着自己为不公平待遇向他们报仇雪恨的情景。他没有意识到自己在这个幻想的世界里浪费了多少时间。

开始增进与妻子和孩子的关系后，他意识到他曾经是这样冷淡。无论是在家里还是在职场上，他都和其他人保持着距离，从不让任何人看到他的沮丧或快乐。杰森开始意识到，是他的日常生活在控制他，而不是他在控制自己的生活。他陷入了一种得过且过的生活中。只有做出核心决定，并怀着怜悯之心去审视自己行为和情绪的真正意义，他才能开始体验他一直渴望的真正的冒险和亲密。

你需要做一些练习后才能成功识别软瘾，而一旦开始这么做，你就会了解到各种情绪和行为之间的联系。你会意识到，软瘾可大可小，但它们的目的是一样的：让你对自己的感受和更深层次的精神世界视而不见。

我们通常更容易发现别人的软瘾，所以先想想那些你很熟悉的人。你也许可以列出他们最常见的软瘾（看电视、八卦、购物）。现在想象一下你看到他们做的那些琐碎的或者特别的事情（剪优惠券、收集盐和胡椒瓶、烫头发）。他们也有与情绪、事物和逃避有关的软瘾吗？虽然很难确定一个人情绪方面的软瘾有多严重，但你可以根据与那个人的谈话主题大胆猜测。例如，有人告诉你，他或她花了几个小时幻想一个明星，或者抱怨总是感觉很无聊，这都是在告诉你，他或她倾向于什么活动和情绪。

软瘾的定义

要识别软瘾，我们需要仔细地研究软瘾的定义，以及它们有哪些共同特征。软瘾可以是习惯、强迫性行为、反复出现的情绪、生活方式或思维模式。软瘾的本质是，它们能满足表面的欲望，却忽视或阻碍了更深层次的需求。它们用一种肤浅的快感或成就感替代了真正的感受或成就，使我们忽视自己的感受和精神世界。

许多软瘾涉及吃饭、阅读和睡觉等必要的行为。只不过，当我们过度重复这些行为，使其超出其本来目的时，它们就会变成软瘾。软瘾不同于吸毒或酗酒等"硬瘾"，它们的柔软是诱人的。我们发邮件、购物和打电话时，这些活动看上去似乎是完全无害甚至令人愉快的。然而，当我们意识到自己在上面花了多少时间和精力时，我们就会发现它们是如何损害我们生活质量的。

尽管在本章中你会看到常见的软瘾列表，但你应该明白，软瘾的形式是无穷无尽的。人有多少种性格，软瘾就可能有多少样。看电视可能是一种普遍的软瘾，但更个人化的软瘾可能包括收集从漫画书到电影纪念品的任何东西，或者涂鸦几何图形。

有些人不清楚偶尔的行为或短暂的情绪和软瘾之间的区别。每天看一个小时电视只是一个无害的习惯，但如果每天看三到四个小时电视（全美平均水平），这算是软瘾吗？

我们将在本章后面详细讨论这个问题，但请记住以下几点：一项行为的动机和功能决定了它是否属于软瘾。例如，电视可以是一扇通向新世界的窗户，用新想法刺激观众并引导他们进行有意义的追求，但也可以成为一种逃避现实的方式。我认识一位喜欢看电视的女性。她会带着目的看电视，挑选一些有启发性、教育意义或能给她思考问题新角度的节目去看。她喜欢外国文化、自然和艺术，所以发现一个符合她兴趣的节目时，她就会提前计划并调整时间去看。而我认识的另一位女性要被动得多。她的工作艰苦而繁忙，所以她总是带着压力回家，希望能好好休息一下，结果却在电视前一看就是几个小时，接受电视节目潮水般的冲刷，但很少会关心或记住自己都看了什么。最大的问题是，她从未真正感受到充实和鼓舞。关上电视时，她只觉得精疲力竭。

比较一下这两位女性，你会发现她们看电视的行为在动机和功能上的差异是明显的。第一位女性的动机是围绕着非常具体的目标来进行自我提升、学习更多知识，第二位的动机则是麻痹自己。第一位用电视来改善自己的生活，而第二位则用它来逃避生活。

然而有时，软瘾和生产性活动之间的界线并不那么明确。这里有一些线索可以帮助你找到这条线，并认识到你的行为是一种软瘾。

心不在焉

识别软瘾的一种方法是问自己在做这件事的时候是否心不在焉。这意味着你没有完全投入当前的活动中。我们可能神游天外，脸上出现一种茫然的表情。心不在焉表明我们活动的目标就是麻痹自己。虽然我们的身体在从事一项活动，但我们的思想却在别处。活动过后，我们常常不记得我们做过、看过、读过什么。这种情况经常发生在看电视的时候，也可能发生在购物、工作、不走心地谈话或做其他活动的时候。

浏览商品目录对我来说是一种软瘾。表面上看，你可能会问，这有什么大不了的？又没有每天花几个小时在上面。但问题是，在打开目录的那一刻，我就开始幻想这些新衣服、新家具或旅行计划……进入一种半恍惚的神游状态。如果此时我丈夫问我什么，我几乎听不到。在那之后，让自己重新回到正轨还挺不容易的。我走神了，我真的不喜欢那种试图再次唤醒自己的感觉。幸运的是，我通过我在本书中分享的技巧改变了这种状态。当然，当我需要某样东西时，我仍然会翻阅商品目录，但对我来说，它不再是必需的活动了。

> **更多思考**

上网时心不在焉的状态已经成为一种普遍现象，甚至有了自己的名称——"冲浪者的声音"。它描述的并不是一个晒成古铜色、肩扛冲浪板的加州运动员发出的声音，而是人们在沉迷网络时回答那些在现实中和他们搭话的人时使用的声音。这是一种单调的、喃喃自语的、几乎听不见的回应方式，通常由一些缺乏意义的短语，如"嗯""哈"和"当然"组成。

逃避感受

某个特定的活动是否能让你从情绪，尤其是强烈的情绪中解脱？我们会麻痹自己以逃避某些感受，强调我们喜欢的感受来对抗其他感受，甚至沉溺于一种不愉快的感受来逃避另一种。我们中的许多人对自己内心深处的感受感到不适，无论它们是积极的还是消极的。我们不知道如何有效地处理我们的悲伤或愤怒（在某些情况下甚至是喜悦），所以我们会找到一种活动来帮助我们压抑自己的情绪，让我们的悲伤、愤怒或其他令人不安的感觉变得不那么剧烈。

....

软瘾经验谈

伊莱恩： 说到逃避感受这件事，我有发言权。有一次我出了车祸，吓得魂飞魄散。我没有打电话告诉我丈夫发生了什么，告诉他我的感受。等我回过神来，我已经站在一家卖鞋的柜台前，递上信用卡，买了一双吉米·周的鞋子（在对鞋没兴趣的人看来，这双鞋远远超出了我的预算）。当我递出信用卡的时候，我的手在发抖。我知道，我在逃避自己的感受。

....

强迫症

你是否感受到一种不可抗拒的冲动在驱使你纵容某种行为或情绪？你是否觉得自己不得不去做某些事，或是拥有或购买一些你明知道自己并不需要的东西？你可能无法停止或减少花在某项活动上的时间。你虽然可能找到一些转瞬即逝的快乐，但在这些活动结束后经常感觉不太好。你一直这样做，但也一直告诉自己你再也不会这样做了。虽然你试着停下来，但你做不到。

否认/合理化

如果你会为自己的行为辩护或找借口，那么这些行为很可能属于软瘾。否认指的是拒绝承认，合理化指的是为自己的行为辩护或找借口和解释。这些行为会削弱我们的自我意识，也会降低我们对自己的期望。为了让自己的行为被接受，我们会忽略、隐藏或掩盖我们真正的动机或代价。我们要么坚持认为一个习惯不是问题，要么费尽心思把它解释为一种可接受的或必要的消磨时间的方式。说上班需要穿定制的高级服装，或者反问喝几杯咖啡有什么不好的，这些都是典型的借口。我们还可能否认自己花在网上的时间和精力都被浪费了。拒绝或合理化日常习惯的冲动暗示着这些习惯属于软瘾。

当我们面对自己的软瘾时，想想下面这些借口和理由吧。

努力工作之后，我需要逃避一下。
这只是无伤大雅的乐子罢了。
这只是我的爱好。
每个人都这么做。
如果不让我做这件事，我也不知道该做什么。
这已经成为我的一部分了。
我所有朋友都做这件事，所以我如果不这么做，该怎么做？

> **更多思考**
>
> 你会如何在朋友或爱人面前为自己的习惯辩解呢？你如何解释或捍卫你的软瘾行为？如果有人指责你的软瘾，你会表现得很愤怒吗？

当有人指出你的软瘾时，你会做出防御性的反应，这是很正常的。你会为在某个行为上浪费那么多时间而感到内疚。然而，从更广泛的意义上说，这没什么好内疚的，因为我们都有自己的软瘾。软瘾伪装成一种无害的嗜好，也是对压力的必要逃避。我们即便可以彻底摆脱它们，要做到这一点也很困难。但重要的是，我们要提高对这些行为的意识，尤其是在它们阻碍我们过上我们理想的生活时。

偏颇想法

偏颇想法与否认和合理化有密不可分的关系，指的是基于错误观念的扭曲思维。一棍子打死、过度夸张、大事化小、推卸责任和情绪化推导就是偏颇想法的一些例子。偏颇想法为软瘾提供了一些有趣的规则和逻辑，比如，"站着吃东西可以减少卡路里摄入"或者"洗过澡就不能再去锻炼了"。偏颇想法会渗透在软瘾中，而这种思维方式本身就会令人上瘾。它们首先促使我们沉溺于软瘾，然后让我们为这种放纵找借口。

掩盖行为的倾向

要当心那些你试图隐藏的、仿佛成为一种罪恶的快乐的习惯。掩盖和/或向别人谎报你在某项活动上花费的时间和金钱是软瘾的标志，换句话说，你为自己的所作所为感到羞耻。这就是为什么你想对别人隐瞒这件事。

软瘾经验谈

苏珊：我把购物袋放在车的后备厢里，这样我丈夫就不知道我买了什么。他不在家的时候，我把衣服上的标签都剪掉，再把它们挂到衣橱里，这样他就不会知道哪些是新的了。

比尔：我告诉过妻子我要戒掉冰激凌，所以一天晚上，当我吃了半加仑冰激凌后，我跑到商店买了盒一模一样的冰激凌，把冰箱里的那盒换了下来，这样她就不会发现了。

琼：我们全家都知道我沉迷于上网，但我已经成了反侦察专家。我会打开预算和费用表格，然后再上网。听到有人走近，我就把浏览器关了，装模作样地忙于工作。

逃避感受或心不在焉可能是最明显的软瘾迹象了。软瘾的诱惑力部分在于，它们提供了一种逃离生活节奏和压力的方式。在度过艰难的一天后，我们想要释放压力。这样的冲动促使人们在一天的劳累结束时去喝一杯，而不是把紧张的情绪说出来，这也导致他们沉迷于软瘾。

这样做是很正常的。我们都需要时不时地走个神。心不在焉的状态会让我们在潜意识中解决一些问题，给我们带来必要的休息时间，让我们恢复活力。想找到一个不需要在某些时刻逃避自己感受的人反而不太容易。当然，问题是，当逃避和走神成为一种生活方式，软瘾就会变得根深蒂固。我们会像受了伤的运动员那样，在接受麻醉后重新回到比赛中去。作为一种短期战略，这可能会奏效。我们说服自己，如果没有软瘾的帮助，我们就不能继续工作、照顾孩子并维持我们的生活了。然而，对运动员来说，潜在的伤害如果从未得到治疗，甚至可能恶化。同样，我们变得惯于麻痹自己，从不去有意识地感受任何痛苦（或者任何强烈的情绪）。这样一来，我们就与更深层次的自我失去了联系。我们没能满足更深层次的需求，也没能充分发挥自己的潜能。

改变对软瘾的看法

如果我们拒绝将我们的软瘾归为瘾，那我们就不可能识别它们。诚然，上瘾是个令人感到危险的词，会让很多人联想到街头流浪汉、吸毒者、醉鬼……尽管大多数专家都认识到硬瘾属于疾病范畴，但仍然存在一种非常广泛的观点，认为它们是意志薄弱或道德缺陷的结果。

因此，人们不愿承认他们对任何事物上瘾，不管是软瘾还是硬瘾。我们需要面对的是上瘾无处不在的本质，以及上瘾的过程是如何贯穿每个人一生的。我们都不免全身心地投入某些事物中。事实上，英语中"上瘾"这个词最初来自《罗马法》，意为"交出"。

....

软瘾经验谈

马丁： 我度假回来，每个人都在问我做了什么。我几乎不想向他们承认，我把假期的大部分时间都花在整理我的 DVD 和 CD 收藏上了。我很清醒地知道，我的 DVD 和 CD 多到我要花好几天时间来整理，于是我花了宝贵的假期时间来做这件事。最后我不得不承认，我是对这种事上瘾了！

寻找危险信号

识别上瘾并不是一门科学。你的一些行为可能很容易分辨，而另一些行为则处于灰色地带，一开始很难确定它们是不是软瘾。例如，你有时可能会有一些幻想（谁没有呢），但是很难辨别幻想是否过度，或者是否影响了你实现真正梦想的能力。

还有一种可能是，你有很多浪费时间的小把戏，但你对每件事的投入都相对较少——你不会在任何一件事上做过火，这使你很难发现它们累积后的效果。

> 你无须引我走向诱惑，我自会找过去。
> ——美国演员丽塔·梅·布朗（Rita Mae Brown）

在这一点上，你的目标不应该是按照消耗的时间或精力的顺序列出所有活动、情绪和逃避行为。相反，你应该找到并标明你生活中那些明确地把你引入歧途的部分。让它们提醒你注意那些剥夺你生活深度和丰富性的情绪和活动。

> **更多思考**
>
> 你该怎么判断自己是否有软瘾？给自己号一下脉。如果你能感觉到脉搏，那么请相信你多少有一些软瘾。问题不在于你是否有软瘾，而在于你有哪些。

软瘾类别

软瘾可分为四类：行为、逃避行为、情绪/生活方式以及食物/消费品。

行为。任何行为，一旦过度或被用作心不在焉或逃避感受的手段，都可能变成软瘾。软瘾往往集中在以下领域：媒体、购物、社交和其他娱乐活动。想想那些你可能习惯性沉迷的活动。

逃避行为。活动是你做的事，逃避是你不做的事。乍一看，我们很难把逃避当成一种软瘾。毕竟，逃避涉及不做某事。但是不做、逃避或大事化小都可以让你不用心、不投入。逃避可以成为一种对不安的习惯性反应，它和主动行为一样有强迫性。

情绪/生活方式。当情绪和生活方式成为习惯性反应而不是对沮丧的真实情感反应时，它们就会变成软瘾。想想你认识的那些习惯性冷嘲热讽或在不合适的情况下也情绪高涨的人。那些经常抱怨、开玩笑或经常表现得很冷漠的人，可能是在习惯性地用这种方式来与内心深处的感受割席。

请注意，这些情绪软瘾与临床上的情绪障碍有显著差异。前者是变为麻木习惯的正常反应，而后者是不正常的情况，通常是需要治疗的。

食物/消费品。习惯性地沉溺于某物——无论是高级巧克力还是名贵咖啡——可能是一种软瘾。持续追求"潮流最前沿的东西"可能是物质成瘾的信号。你可能没想过数码产品或大牌服装会让人上瘾，但如果你一定要拥有最新款，没有就觉得心灵空虚，那么你可能很容易陷入这类软瘾。如果你特别依赖某些食物，在库存不足或耗尽时会变得焦虑，你可能很容易上瘾。你可能会花时间分配某种特定的物质。这种行为甚至可能成为某种仪式。

下面列出的一些项目可能会让你觉得奇怪、琐碎或愚蠢。如果你只是利用它们来消遣而不是解决你生活中的问题，它们就不会显得那么愚蠢了。在本书的练习部分，你会找到更多的工具来识别你的软瘾，并学习辨别一种行为是软瘾还是无害的消遣。

软瘾清单

行为

媒体
- 看电视
  - 频繁换台
  - 沉迷于特定节目
  - 沉迷于体育比赛
- 上网
- 聊天
- 查看投资情况
- 查看天气、数据、新闻
- 阅读特定类型的小说，如言情或悬疑
- 听广播
- 查看电子邮件
- 玩网络游戏
- 玩电子游戏
- 逛购物网站
- 发即时消息
- 发短信

购物
- 购物
- 逛旧货市场
- 收集
- 买古董
- 淘打折货
- 在商场闲逛
- 研究商品目录
- 研究优惠券

日常
- 暴饮暴食
- 健身
- 化妆
- 清洁
- 做家务
- 照料家人
- 睡觉

身体举止
- 卷头发
- 抽搐、颤抖
- 嚼口香糖
- 咬指甲

性
- 调情
- 性瘾
- 寻求色情电话服务
- 看色情文学
- 自慰
- 偷窥
- 看色情视频
- 滥交
- 打量异性
- 性幻想

工作
- 工作狂
- 行程排得太满
- 极度奉献

冒险
- 飙车
- 赌博
- 寻求刺激
- 谈判

社交
- 炫耀与名人的关系
- 关注名人新闻
- 八卦
- 炫耀经历
- 打电话
- 幻想与某人交往
- 说谎

其他娱乐活动
- 查看赛事数据
- 做填字游戏
- 玩纸牌游戏
- 做手工
- 做运动

逃避行为
- 拖延
- 不合群
- 迟到
- 寡言
- 不做家务
- 扮无助
- 以受害者自居
- 疑病症
- 恐惧症
- 抗拒社交
- 不让自己闲下来

情绪 / 生活方式
- 爱讽刺别人
- 暴躁 / 易怒
- 自怨自艾
- 总教育别人
- 戏精
- 永远热情高涨
- 盲目乐观
- 善变
- 习惯性悲观
- 闷闷不乐
- 推卸责任
- 爱面子
- 抱怨
- 总想取悦别人
- 插科打诨
- 完美主义
- 狂热
- 好争辩 / 攻击性强
- 表现冷漠

食物 / 消费品

食物
- 糖果
- 巧克力
- 快餐
- 碳水化合物、高脂肪食物等
- 咖啡
- 零食

消费品
- 香烟
- 新潮玩意儿
- 数码产品
- 高级服装或鞋子
- 收藏品
- CD
- DVD
- 其他名牌商品

这张表实际上只是在帮你提高意识水平，判断哪些时候会出现软瘾的危险信号。在看这份清单时，你可能会想到你自己的其他某些习惯。随时把它们记下来。你会发现，与其他软瘾（电视、网络）相比，你列出的一些项目（如咬指甲）可能听起来相对不重要。但是请记住，会影响你精神生活的软瘾并不一定是多严重的行为。

软瘾测试

你如果想知道上面清单中的某项对你来说是否属于软瘾，可以做如下测试。多少肯定的回答才能表明你有软瘾呢？一个就够。把每道题都作为一个帮助你进行深入研究的提示。当然，你的肯定回答越多，某项活动或情绪就越有可能被认定为软瘾。

1. 假如你有机会上国家电视台，你是否不愿向观众推荐你的某种行为？
2. 当被问到你为什么做这件事时，你的理由听起来是否像借口？
3. 你的行为或情绪是不是强迫性、习惯性的？
4. 你做这件事时是否有一套特别的程序，就像一种仪式？
5. 你是否难以想象没有这种行为（或者减少这种行为）的生活？
6. 你是否想改变这种行为，也下定决心要这么做，但发现自己无法坚持？
7. 当有人建议你停止或减少这种行为时，你是否感到害怕或抵触？
8. 你增加了花在某件事上的时间，却没有获得更多满足感？
9. 你是否因为在琐碎的事情上浪费了大量时间而被调侃、嘲笑或批评过？
10. 你身边的人是否因为你在某件事上投入的时间、金钱和/或精力而感到烦恼或生气？
11. 你是否因为沉溺于某种活动、事物或情绪而取消或拒绝了一些积极的机会？
12. 你的某种特定活动、情绪或逃避行为是否导致你在工作中陷入麻烦？

13. 你是否会因为某种行为被人所知而感到尴尬？这种行为给你的感觉像某种令你羞耻的秘密吗？

意识的提升

你可以通过问自己三个问题来提升你的意识、确定你的软瘾：我在这件事上花了多少时间？我的动机是什么？我的感受是什么？

例如，当你每周在一项简单的娱乐上花20个小时的时候，它就会变成软瘾。通过看电视来充实自己可能是一个很好的动机，但如果你反复看某个节目只是为了不跟你的另一半打交道的话，那么这种看电视的行为很可能是一种软瘾。如果你在做了某件事后感到兴奋、有动力，这件事对你来说可能是一项有意义的活动，但如果你在做完这件事之后感到虚假的兴奋或头脑昏沉，那么这件事很可能是一种软瘾。本书后半部分的练习册提供了各种练习和工具，你可以使用它们来帮助你识别和区分软瘾和普通消遣。

请记住，我们关心的是软瘾，而不是硬瘾。本书想帮助的不是那些成瘾程度达到需要治疗的水平的人，比如患有厌食症或暴食症的案例。在这些情况下，患者应该去寻求心理治疗或接受咨询。

> **更多思考**

你的某种行为到底是软瘾还是你的激情所在呢？如果你做某件事时处于一种脑子嗡嗡作响、情绪高涨、激动不安的状态，不记得自己做了什么、说了什么、看了什么、买了什么，感到迷糊或筋疲力尽，那么这件事很有可能是一种软瘾。另一方面，如果你能通过这件事学习、成长，体验到更多的感受，更了解自我并亲近他人，感觉清晰、头脑清醒、充满活力……那么这件事就是你的激情所在。千万不要混淆这两者。

我花了多少时间

这是一个简单但很有说服力的衡量标准。在一个给定的星期里,你大约花了多少时间在你的软瘾上?在你不确定之处做出一些猜测,特别是情绪和逃避方面。关键是要明确你在每项活动或每种情绪上花的时间是多还是少。

为了进一步说明你的时间使用情况,请按以下类别进行思考:

做事:在某项活动上花费的时间。

思考:在某项活动上花费的脑力,包括为这项活动做准备(想想为了参与活动你需要些什么)、幻想和担忧而付出的精力。

频率:你一天或一周中进行这项活动的频率。

> **更多思考**
>
> 莱特研究院的一名学员,同时也是一家全美知名的咨询公司的首席执行官,计算出他每年花在担忧上的时间长达 1000 小时。这是来自专家的精确估算,而不仅仅是猜测。意识到自己一整年的工作时间也不过是 2000 小时后,他现在开始努力把时间花在计划和讨论,而不是担忧上。

估算在软瘾上花费的时间时,你是否发现某些软瘾耗费的时间特别突出?你是否经常做出某些行为?

我的动机是什么

除了做了什么和花了多少时间,你还要想想自己为什么做这件事。审视和理解你的动机是至关重要的。有些人听音乐是为了分散注意力,而另一些人听音乐是为了提升自己或接受教育。有些人购物是为了打发时间、逃避情绪或是因为无法抗拒促销活动，而有些人则是为了寻找能表达个人风格的衣服或符合预算的家具。

想想你迄今已经发现的软瘾，并考虑你做这些事情的动机。它是高尚的、低下的还是中等的？高尚代表精神上的或其他有意义的动机，比如学习和成长的愿望。低下意味着你的冲动是逃避现实的、无意识的、未经检验的，或是为了满足浅层欲望的。中等则意味着目的模糊或不确定。

当你审视自己的动机时，请注意那些动机低下的项目，因为它们最有可能属于软瘾。

我的感受是什么

最后一个变量表示你对某项活动或情绪的感受。重要的是要考虑你在这三个方面的感受：活动前、活动中和活动后。想想那些你投入了时间却缺乏动力的软瘾。请注意以下词语（或表达相同情感的类似词语），因为它们往往反映出处于软瘾中的人的感受。

活动前	活动中	活动后
焦虑/紧张	走神	尴尬
无聊	麻木	兴奋不减
冲动	发呆	羞耻
悲伤	无意识	持续麻木
兴奋	脑子嗡嗡响	魂牵梦萦
气愤	高度兴奋	脑中一片空白（不记得你做了/看到/听到什么）
自怜	极其激动	
害怕		
无法自控		

如果你发现你经历过上面列出的一些感觉，你可能存在软瘾的问题。软瘾

最常导致的是一种麻木、无意识的状态，或者是情绪被麻痹的感受，比如脑中一种轻微的嗡嗡声。这是一种非常不同于喜悦或超越感的体验。在喜悦的状态下，感受会被强化而非麻木。

蒂姆是一家成功的新兴会计公司的创始人和首席执行官。他知道自己的软瘾是工作狂和取悦他人。他做出的核心决定是"真诚地与人交流"，这开始切实地改变他的行为方式，给他的生活带去更多意义。但当蒂姆用这套识别工具去观察自己生活的各个方面时，他的其他发现更让他感到震惊。

仔细观察后，蒂姆分析了自己的清晨习惯。蒂姆说，早上，他会比家里人早几个小时起床，以便"精力充沛地开始一天"。他的定时咖啡机会招呼他下楼。在那里，他每天早上都会取两三份报纸。他在准备去办公室之前会把所有的报纸从头到尾看一遍。

借助新学到的知识，蒂姆开始观察这套习惯花费的时间、存在的动机和给他的感受。表面上看，他看报纸的动机是了解当天的新闻。实际上，他发现自己是在利用它们逃避对工作日的焦虑。浏览新闻标题是一回事，花一个多小时阅读几家报纸报道的同一条新闻就是另一回事了。他醒来时感觉自己可以精力充沛、干劲十足地投入工作，但在看完报纸后感到无精打采、精疲力竭、焦躁不安。这项活动之后，他的思维会变得混乱，充满紧张和焦虑，而不是为即将开始的工作做好了准备。虽然他每天花在读报上的时间并不多，但每天一个小时累积起来就不少了。他意识到，他本可以用一半时间读报，另一半时间制订一天计划，甚至寻求妻子的支持。

他发现，他并不是真的对咖啡上瘾。他喜欢咖啡的香味，在早上习惯享用咖啡，但他不喝咖啡也没关系，不会感到头晕，也不需要用它来提神醒脑。对蒂姆来说，提高意识水平是非常有用的。现在，他能更快地分辨出哪些活动赋予了他力量，哪些活动让他无法拥有更充实的生活。

揭露并承认软瘾的代价

最难识别也最难面对的一个方面就是我们要为软瘾付出的代价。当你准备开始面对软瘾的时候，书后的练习可以帮助你计算这种代价。我们在软瘾应对方案培训中的发现令人震惊。参与者对自己花在软瘾上的金钱做了计算，发现自己平均每年在软瘾上浪费的钱在 5000 美元到 30000 美元之间。这只是直接成本的平均值，不包括机会成本或非物质成本——在亲密关系、人际关系、生产力、意识、动机方面的损失，以及更深层需求的不满足。在摆脱软瘾模式后，你可以通过更有效的方式对这些资源进行投资。

软瘾经验谈

比尔：在软瘾应对方案培训中，我把自己花在数码产品上的钱加起来，吃惊地发现只是这些小东西就花了我至少 5000 美元。我的手机和掌上电脑只用了几个月就换掉了，因为我必须拥有最新款的。

更多思考

美国一家职业介绍所挑战者公司的一项调查显示，受 3 月狂热的 NCAA 篮球赛季的影响，全美企业每年在员工生产力方面的损失达到约 35 亿美元。想想那些花在博彩、填表、在线赌博或网上冲浪上的时间，损失会有这么多，确实一点儿也不奇怪。

> **注意事项**
>
> 小心你的软瘾。你一年要花多少钱和时间在软瘾上？缺乏意识会给你的生活带来什么样的代价？软瘾的机会成本是什么——或者可能是什么？你本可以用这些资源来拥有更充实的生活。

到目前为止，你可能已经很清楚自己的软瘾是哪些了。你的意识会继续提升。你行动的第一步可以是大声说出你的软瘾——"我爱做白日梦""我看了太多电视""我对发型很着迷""我不停抱怨我的生活"。

把你的软瘾说出口可能很困难，但大声倾吐可以起到宣泄的作用。虽然说出它们并不意味着你就摆脱了它们，但这种行为会给你一种放松和释放的感觉。交谈和分享是清醒认识自己生活的一种体现。这些行为会帮助你把软瘾从肮脏的小秘密变成对自己如何浪费时间和精力的坦白。分享会给你很棒的感觉。

联网而非列表

在确定你的软瘾时，你会发现仅仅列表是不够的。软瘾不是线性的，它们更像是由相互连接的线组成的网络。当你确定了你的软瘾并开始进行本书中的练习时，你会发现你的软瘾是如何相互联系的，一种软瘾是如何导致另一种的。例如，你喝了很多咖啡，因此感到紧张不安。于是你开始咬指甲，不停吃饼干。你试图冷静下来，结果却看着电视走神了。软瘾之间的联系很微妙。例如，你可能会把下列行为归为上瘾：节食、晚上去俱乐部、玩纸牌游戏、阅读逃避现实的小说、自怨自艾以及拒绝认真思考事业方面的问题。就其本身而言，这些行为似乎没什么值得大惊小怪的。只有从整体上考虑——评估时间、精力和精神世界等方面的消耗——你才会看到它们的破坏力。

把软瘾比作网络是很贴切的，因为它就像蜘蛛网一样，引诱着不小心落入其中的人。各种各样的线相互连接，你一旦被困住，就很难脱身。但从另一角度看，因为这些软瘾是相互关联的，一旦你改变了一个软瘾，你就会发现其他的软瘾也会随之改变。

软瘾经验谈

艾伦： 我没有意识到我的软瘾让我付出了这么多代价，直到我做出了核心决定"戒掉网络游戏"。我不仅恢复了每周至少20小时的工作时间，还重获自尊，挽回了妻子的爱，找回了健康。我轻松地减掉了20千克，有生以来第一次变得健康。我开始花更多时间和孩子们在一起。我和妻子的关系比以往任何时候都亲密。我提出升职——这是我以前从来没有想过的——而且成功了。我赚到了更多的钱，但也许更重要的是，我对自己的感觉更好了。我在事业上、婚姻中和做父亲的过程中都感受到了成长——这比在网上浪费时间要有趣得多。

因此，你要从整体上看待你的软瘾。它们不仅仅是你做的事情或拥有的情绪，更多的是阻碍你获得理想中生活的日常习惯。

你已经开始识别这种网络和你的软瘾。在下一章中，你会发现你的大脑是如何从无到有地创建这套软瘾网络的，以及你可以做些什么来摆脱它。

第 4 章

关注你的思维

你如果能改变自己的思维,就能改变整个世界。

——美国思想家诺曼·文森特·皮尔(Norman Vincent Peale)

通过关注思维,你可以利用思想的力量引导自己进入更充实的生活——更多时间、满足感、金钱、精力和爱。关注思维就像监管一个挤满活力四射的孩子的游乐场一样,意味着你要密切关注自己的想法。当它们跳跃、漫步、旋转时,你需要始终注意其中的问题,并清楚何时需要设置限制。通过关注自己的思维,你将训练它与你的总体目标保持一致,并聚集思维的能量,将其导向你想要的生活。

我们如果想过上梦想中的生活,清晰的思维是至关重要的。我们如果能更好地理解我们的思维,了解其可能的错误倾向——发现偏颇想法和否认现象——就能更好地识别那些引导我们走向更充实生命内涵的想法,并避开那些会产生相反作用的。

关键在于,我们不仅要戒掉软瘾,而且要管理触发并固化这种行为的思维。我们倾向于保持某些不明智的行为,方法有很多:找借口、合理化、否认、防御、反对、掩饰。这些都是我们偏颇想法的证明。我们如果不了解自己的思维,很可能只会用一种软瘾来代替另一种。理清我们的思路可能很难，但这也是一种令你感到自由与振奋的学习经历。通过控制自己的思维，我们会体验到一种清晰、完整的感觉，以及对我们生活的控制感——这是摆脱软瘾的最大回报之一。我们对自己的思想、偏颇想法和否认的控制程度有多强，我们的生活就有多充实。

为什么要关注思维

我们的思维会利用我们的想法和信念来保持现状，这是因为我们潜意识的一个基本功能是通过维持体内平衡来保护我们的机体。软瘾可以被看作一种维持现状的机制。它们是可靠的、熟悉的、安全的。当风险的不可预测性威胁到我们的思维时，我们的大脑会做出反应，试图阻止改变，并利用我们的软瘾习惯来麻痹和保护我们。

偏颇想法就像我们肩膀上的小魔鬼，一直在贬损我们的自我，引诱我们去做一些不需要动脑的事情来逃避这些感觉，让我们觉得放纵是有道理的，并让我们在放纵后合理化我们的行为。为了过上理想的生活，我们必须学习和成长，承担风险，挑战走出舒适区。我们可以通过改变偏颇想法来摆脱会触发我们软瘾的想法。请看山姆是如何被软瘾困住，让生活变得贫瘠的。

山姆是个夜猫子。他讨厌上床睡觉，要么看电视直到睡着，要么大半夜上网买书、音乐和光盘，和网友聊天，浏览旅游网站来计划下一个假期，或是查看理财情况。由于沉迷于深夜节目和上网，他常常到凌晨才睡觉。他不仅大部分时间都很疲惫，而且销售业绩平平，工作评价普通，感情生活也毫无起色。他因此开始尝试改变自己。

在山姆看来，问题出在他的工作上。谁能日复一日地做销售而不感到筋疲力尽呢？客户的要求越来越多，但他们似乎永远无法干脆地掏钱。如果他们不知道自己想要什么，我怎么让他们买东西呢？这些糟糕的想法每天都在山姆的脑海里打转。

当他与参加销售课程的其他学员见面时，他们创造的销售额、建立新联系和不断提高收入的速度令他感到震惊。罗勃是其中的精英之一。他讲述了他的成功从何而来——他会乘坐清晨的地铁进城，精力充沛地计划今天要打的电话。结果，他在工作时间里变得更有效率，也更享受自己的生活了。他说他喜欢每天与人交谈和交朋友。他就是这样遇到妻子的。

罗勃要求山姆早一些开始一天的工作，山姆坚决不同意。"不可能！我不能那么早起床，"他为自己熬夜的习惯辩护，"我晚上需要看电视。看新闻很重要。我必须知道世界上发生了什么。劳累了一天，我得再看会儿电视来放松一下，忘掉那些讨厌的顾客。深夜看电视对我来说是一种放松。上网也很棒！我在网上能找到不错的商品，计划出国度假，还能认识一些喜欢在夜里活动的有趣的人。我和一些人聊得很好，他们每天晚上都期待收到我的信息。"

罗勃并没有被说服。他回应道："你是想和你永远不会见面的网友聊天，还是认识更多客户，提高你的业绩？"接着，他分享了在自己销售和生活中的成功经验。"我会去认识新客户。这能让我有动力解决他们的问题，真正为他们服务。我关心的不只是完成交易。我甚至改善了和妻子的关系，和她认真相处，而不是一边敷衍她一边琢磨接下来该干什么。"

在罗勃的示范及其成功的鼓舞下，山姆做出了自己的核心决定——"在所有的人际关系中表现真诚，说真话"。于是，他开始对自己说真话。他不再为自己的软瘾找借口，开始清理自己的偏颇想法。他没有为自己的日常习惯辩护，也没有逃避问题，而是承认自己在自我欺骗。

他越专注于他的核心决定，他的旧习惯就越显得乏味。他开始限制自己上网和看电视的时间，甚至把电视机搬出了卧室。他开始在晚上读书，和朋友聊天，进行冥想。他早上能起得很早，在别人到办公室之前就开始工作。早上多出的一两个小时给他的感觉就像多了一天。他的销售经理对他的业绩非常满意，山姆自己也感到更满意了。他的感情生活同样让他感到满意。通过做出核心决定并关注自己偏颇想法，山姆不仅改变了旧行为，而且开始过上更充实的生活。

偏颇想法和否认行为

像山姆一样，我们都会用偏颇想法和否认行为来为自己的所作所为辩护，不去面对自己的感受，自欺并欺人。否认、防御、以偏概全、大事化小、推卸责任、妄下定论……这些都是我们脆弱的偏颇想法的例子。当我们不能清晰地思考时，我们很可能会大事化小，甚至否认我们的软瘾带来的问题。偏颇想法会阻碍我们客观、诚实地看待我们的日常生活。

偏颇想法无处不在，我们却常常意识不到它的存在。我们认为我们的偏颇想法是事实，而不是基于错误观念的武断决定。正是我们扭曲的思想使我们的软瘾习惯正常化。偏颇想法就像我们生活的海洋，而我们就像鱼，只有被捕获时才知道周围曾经有水。偏颇想法让我们沉迷于软瘾，为自己的行为辩护，否认这些行为存在任何问题。偏颇想法本身就变成了一种软瘾，一种习惯性的思维模式。我们总是会回到这种模式中，导致收益递减。

软瘾就像一个经验过滤器，会过滤掉有用的信息。当我们沉浸在购物、闲聊和做白日梦的日常生活中时，我们就无法感受到可以引导我们采取正确行动的痛苦了。正因为感觉不到痛苦，我们更容易否认错误。当然，恶性循环是，我们沉溺于软瘾，恰恰是因为我们不想感受痛苦。我们没有能力看清我们的生活、经受痛苦的洗礼，因此就会说服自己软瘾是无害的，甚至对我们有好处。

这就是为什么我们会这样否认：什么问题？什么痛苦？你说这是个问题是什么意思？我不认为这是个问题。

> **更多行动**

请观看电影《巨蟒与圣杯》(Monty Python and the Holy Grail)著名的桥上一幕。其中，孤独的卫兵的行动恰恰体现了否认的效果。就算寡不敌众，接二连三地失去四肢，他仍声称那只是不会令他感到痛苦的"皮肉之伤"，坚称自己会赢得这场战斗。

我们可能知道，沉迷上网、购物和仔仔细细地阅读八卦杂志都是有问题的行为。我们可能知道，比起无意识地把一块块糖果塞进嘴里，或者坐在厨房里吃着纸盒装的外卖食物，有更好的方式来给自己滋养。然而，我们如果没有感受到痛苦，就无法理解表层下正在发生的一些深刻的事。我们照常吃饭、购物或看电视，并没有采取有效的行动。我们感觉不到自己精神上的饥渴，也感觉不到自己渴望被爱和有所作为的需求。

幸运的是，我们可以学会发现自己以偏概全或使用强盗逻辑的时刻。我们如果能注意到自己偏颇想法，就不会陷入否认的陷阱。当我们意识到我们偏颇想法起作用的流程，我们就可以改变自己的想法；一旦改变自己的想法，我们就可以把自己的感觉和行为转向一个更有成效和意义的方向。

> 我们的生活是由我们的思想塑造的。我们会变成我们所想的样子。
> ——释迦牟尼

糟糕透顶的偏颇想法

与我们的软瘾习惯有关的偏颇想法是什么样的呢？让我们看看山姆的一些偏颇想法。

我没什么问题。

我早上起不来。

我的客户永远不会满意。

乔比我睡得还晚,还不知道怎么在网上淘到好东西。

昨晚我只上了半个小时网。

搞定这个大单后我会试着早睡。

客户是不会准时付钱的,我敢肯定。

销售业绩不好不是我的错。

不去聊天问问今晚发生了什么,我就睡不着。

我每天都需要掌握所有的新闻。

> **更多行动**
>
> 考虑一下,山姆的哪一个想法和你的一样?你或你的朋友多久会表达一次这种或类似的想法?

当我们开始为自己辩护,或使用上述任何一种合理化借口,我们就很有可能被软瘾控制了。我们如果没有情绪、思想或行为上的软瘾,就不会如此执意为自己辩护或解释。我们可以自由地谈论我们的行为或情绪,询问其根源,并考虑改变我们的思维或行为方式。最终,我们可能决定不做出改变,但我们会诚实地对待软瘾。

面对每天花多少时间读报这种问题时,某人给出了这样的回答,请考虑其中的区别。

A:是的,我发现每天从头到尾看报纸花了我很多时间,做填字游戏也是。我也许可以更好地利用这段时间。

B：我每天都需要读报纸。我必须掌握最新的信息。我觉得做一个明理的公民很重要，否则我可能会错过一些东西。有些人竟然能一无所知地过日子，我真的觉得很奇怪。我不知道你怎么能忍受这种无知。事实上，如果有更多像你这样的人，独裁者很容易获得权力，毕竟他们最喜欢的就是无知的民众。

第二个回答的语气是带刺的，传达的意思是"走开，我不想讨论这个"。回答者发起进攻，想把提问者打败，还否认了自己的行为可能带来的任何代价，也没有看到其他的可能性。虽然做一个明理的公民确实很重要，但这个人却把这个论点当作为自己辩护的工具，而没有对获得信息的最佳方式进行真正全面的审视。

当你被困在软瘾习惯中，找借口、辩解、防御和合理化解释就变成了你在口头上的反应。当你的软瘾被揭露时，你会以某种形式的否认来回应。在许多情况下，你的回答是如此令人信服，乃至任何人都很难反驳。它的目的是让人们走开，停止任何探究，防止你开始认真审视你对那些限制自己的事物的依恋。

> 思想如同雕刻家，能把你塑造成你想成为的人。
> ——美国作家
> 亨利·大卫·梭罗
> （Henry David Thoreau）

对偏颇想法的认识会让我们扫清障碍，朝着正确的方向前进。识别出这些起反作用的模式后，我们就能更好地改变它们，使它们与我们的核心决定保持一致。我们睁开眼睛，看到了更充实的内涵——生命力、爱和意义。

偏颇想法的蒙蔽

为什么山姆会有这样的想法？偏颇想法源于我们对自己、感受和周围世界的错误观念。在内心深处，我们常常认为自己不值得拥有或别人不希望我们得到最好的。一些常见的情绪如下。

> 我不太好。
>
> 我不该有什么感受。
>
> 我跟别人不同。
>
> 我不能得到我想要的。
>
> 我不应该得到更多。
>
> 我不具备渡过难关的能力。
>
> 没有人在乎我。

承认我们的软瘾意味着面对这些恐惧和怀疑。我们如果真想获得更充实的生活，就需要邀请别人来给我们真实的反馈，认真思考并确定软瘾对自己生活的负面影响。

相反，我们常常会为自己的软瘾找借口，否认它，并为它辩护。偏颇想法会阻止我们根据更高的价值观和目标谨慎地评估我们的行为。事实上，我们不会质疑自己的行为，而是会忽略那些在我们意识边缘质疑我们行为方式的声音。因为我们压制了自己的感觉和意识，我们便无法发现我们做的事是无效甚至有害的。

注意事项

偏颇想法代价高昂。你也许会说服自己不去要求升职，推迟跳槽，认为人们会拒绝你，无法完成你本可以完成的业绩，或者把你的处境归咎于别人，而不是尽你所能去创造和获得更多。请注意，偏颇想法带来的是贫瘠而不是充实。

凯莉是个从内而外散发魅力的女人。她的朋友们都说她有一颗善良的心。在她工作的广告公司里，同事们也都欣赏她的坦率。凯莉最初接受目前的工作，是因为这家公司商业信誉良好，也重视对员工的培养。她很欣赏老板作为一个商人难得的厚道。当一个升职机会出现时，凯莉申请了，但老板最终告诉她是她的同事得到了这个职位，令她非常沮丧。他还告诉凯莉，他很信任她，也很欣赏她。"我想让你知道，你在下一次升职候选名单里。我们非常欣赏你的正直以及你最大程度提升员工生产力的本领。我想帮助你发展另一份我认为更适合你职业生涯的工作。"

不过，凯莉眼里只有她没有得到目前这次升职机会的事。她想："我永远得不到晋升了。他只是在耍我。他不重视我的工作。我不该接受这份工作。"在偏颇想法的作用下，凯莉开始上班迟到，拉长午餐时间，经常长时间走神，看时尚杂志，从头到尾地读报。她改变了自己的生活，不再追求充实，而是放纵自己沉浸在软瘾中。

凯莉不敢面对自己受到的伤害、感受到的不安和失望，也没有和老板讨论这种情况，而是纵容自己的偏颇想法和软瘾持续发展。幸运的是，一位同事注意到了她的自暴自弃，建议她在彻底失去升职可能前接受帮助。

凯莉开始意识到她那些偏颇想法的本质：这些思维不是基于真相，而是基于她错误的认知。她调整了方向，最终得到了晋升，而且获得的是一份完全适合她的工作。

更多思考

回忆你某次失败或搞砸的经历，例如考试不及格、绩效评估很差或破坏了一段宝贵的关系。事后看，你能看出那次失败是如何扭曲你的观念的吗？

否认的多副面孔

当我们认识到偏颇想法的多种形式后,我们就明白了它们是如何维护和延续软瘾的。识别我们的思维模式会帮助我们分析和对抗它们。既然很多人都会否认自己有偏颇想法,从否认讲起就再合适不过了。

> 否认可不只是埃及的一条河。①
> ——美国作家马克·吐温(Mark Twain)

否认指的是拒绝承认某事或其负面影响的存在。例如,我们可能不认为自己的软瘾或偏颇想法是一个问题。为了证明否认的正确性,我们会依靠防御、合理化、说谎、大事化小、逃避、比较等方式来解释、证明或延迟解释我们否认的对象。

更多行动

请看电影《魔鬼代言人》(The Devil's Advocate),留意其中软瘾和否认现实的滑坡谬误。电影中,阿尔·帕西诺(Al Pacino)饰演的魔鬼试图用软瘾诱惑基努·里维斯(Keanu Reeves)饰演的角色。你可以通过这部电影来识别自己的偏颇想法,通过在角色身上寻找相似点来摆脱自己的否认习惯。你也可以和朋友一起看,然后讨论一下。

防御。这种行为指的是,当有人提到我们的软瘾习惯时,我们会不由自主地为任何让我们深陷其中的活动或情绪辩护。即使别人并没有批评我们,只是简单地问我们是否做了太多这样或那样的事情,我们的回答就像面对批评时一样,比如"不要说我对汤姆·克鲁斯的幻想对我没有好处。这就是我想要的,

---

① "否认"(Denial)与"尼罗河"(The Nile)发音相似。——译者注

我认为你质疑我这些幻想是不公平的"。

合理化。合理化行为会创造表面上令人信服的巧妙的论据，来证明软瘾不是坏的，甚至是有好处的。合理化为我们的行为提供了解释和辩护，比如"也许我确实总买衣服，但要想在商界出人头地，我必须打扮得体"。

每天去日托中心接女儿时，忙碌的母亲克尔斯滕常常找不到停车位，于是经常把车停在附近甜甜圈店的停车场上。她觉得不能不买东西就把车停在那里，于是养成了每天吃一个甜甜圈的习惯。从此，她再也无法减掉怀孕后增加的体重了。直到她的女儿开始学说话，在某天她去接她的时候喊道"妈妈，甜甜圈"，她才意识到自己做了什么。她参加了周末的软瘾应对方案训练，笑着分享了自己的故事，说："竟然还是被一个婴儿揭穿的。"她纠正了自己的否认习惯，正式将其列为一种偏颇想法，开始为她和她蹒跚学步的孩子创造一种更有意义的新问候方式。

大事化小。这种行为指的是，我们会表现得好像软瘾真的不是问题，或者即使是问题也不大。把这些活动看得很平常，或者淡化一种常见的情绪，都是大事化小的表现，比如"只是八卦一下而已，我又不是只会八卦"。

说谎。说谎是大事化小的一种极端形式。在软瘾的规模和深度上撒些小谎会让我们的否认行为继续。当我们对自己撒谎时，我们通常也会对别人撒谎。我们坚称自己每周只逛一次商场，而我们很清楚我们一周至少会去购物三次；我们告诉朋友或配偶自己不喜欢沉溺于自怜，而实际上我们在那些抱怨自己有多惨的时刻得到了扭曲的安慰。

我没有沉迷于看电视。
自从上个月我们谈过之后，我就没这么做过了。
不，你在商场看到的不可能是我。
最后一块蛋糕不是我拿的。

软瘾经验谈

詹姆斯： 我感觉我脑中有一枚电脑芯片，告诉我"我需要咖啡"。但这是个谎言。我不需要咖啡。当我意识到我不需要而只是想要它，这就帮助我发现了行为背后的谎言，并意识到某种隐藏的动机。现在，我能找到更好的休息方式——散个步，给妻子打电话，站起来伸个懒腰，或者走到大厅去和同事聊天。

逃避。逃避通常与大事化小密切相关，表现为承认软瘾对我们不好，但推迟解决问题的时间。我们为当前的软瘾找借口，含糊地承诺将来会有所改变，比如"我知道我看商品目录浪费了很多时间，明年辞职以后，我会改掉打发时间的方式"。

比较。比较是一种更轻微的否认形式。我们会将自己的日常行为与那些有更严重软瘾的人进行比较，从而为自己开脱，比如"我去健身俱乐部的次数可能是有点多，但和那些每天从早到晚都泡在那里的人相比也不算什么"。

更多思考

你曾经用哪些类型的否认行为来维护和保持你的软瘾习惯？

发现其他偏颇想法

否认及其多种形式是最可怕的偏颇想法，会让我们无法将核心决定付诸行动。我们如果希望过上理想的生活，就必须克服它。

> 追求真理会让你获得自由，即使你永远追不上它。
> ——美国著名律师
> 克莱伦斯·丹诺
> （Clarence Darrow）

其他形式的偏颇想法有时更细微，也更令人难以察觉和消除。它们看起来常常是如此合理，其诱惑是如此的巨大，我们必须极其清醒和警惕地对抗它们。学会发现它们吧。

以偏概全。我们常常错过一些机会的原因是，我们倾向于把消极事件看作一种持续的模式。我们不会把这类情况看作独立事件，而是通过一面能产生无限影像的魔镜来看待它们。我们放大甚至无止境地夸大事件，通过想象判断某些事不可能发生，让自己陷入绝望，思维非黑即白，经常使用"总是"和"从不"这种极端词。

> 总发生这种事。
> 我搞砸了。我吃了一个圣代，节食计划被毁了。我可能还会……
> 我做什么都不能阻止自己看电视。
> 我永远减不了肥。

轻率地得出荒谬的结论。在没有充分证据的情况下就认定情况很糟糕，会导致我们过早下结论。我们可能会使用一种心理过滤器，忽略积极的或不符合我们"事态糟糕"的预判的信息，不关注期望的结果和实现它们的方式，而是坚持我们的消极预测。我们武断地猜测他人的想法，设想消极的反应，预言会有消极的结果。我们会把自己的感受投射到他人身上。我们也会用奇怪的逻辑去想象不存在的联系。

> 他们会开除我的。
> 她明明不喜欢我，为什么还要装得很友好呢？
> 这么做没用，我应该放弃，去逛街吧。
> 我永远也得不到加薪。
> 你不喜欢我（事实上，我也并不喜欢你，但是我习惯跟你假装客气了）。

我搞砸了。最后一个问题我答错了。我会不及格的。

等中了彩票我就退休。

感情用事。 这种偏颇想法指的是根据感受进行推理，而不考虑现实情况如何。有时人们认为因为他们有某种感觉，所以事实如此——这就是感情用事。于是，他们就会以偏概全或轻率下结论。

我觉得自己很笨，所以我一定很笨。

我很沮丧，所以我现在的状态一定一团糟。

我感觉不太好，一定是我有什么问题。

我是个特别感情用事的人，会用心理过滤器过滤掉一切积极的东西。这种偏颇想法一直是我个人面对的最大挑战之一。事实上，我的员工已经明白不能相信我的回答了。在我做演讲、接受电视采访或进行培训后，他们会问："你表现得怎么样？"这种时候，我可

> 心灵自成一个世界，可以把地狱变成天堂，把天堂变成地狱。
>
> ——英国诗人约翰·弥尔顿
> （John Milton）

能情绪很脆弱，或者只能想到那些我本可以做得更好或说得更妙的话，又或者觉得自己没有经验，就陷入了感情用事的泥潭。我会告诉他们我讲得有多糟，我觉得自己表现得有多差，而根本没注意到演讲结束后观众起立鼓掌的景象。

"应该"与"不该"表述。 当我们用"应该""不该"或"必须"来批评自己或他人时，我们是在从道德角度解释自己的行为。"应该"和"不该"将行为简化为简单的、只涉及好坏的价值观。这种思维方式经常导致我们责怪他人或逃避责任。

他本该解决这个问题的。

我现在本该处理好那件事。

我必须拥有它。

指责与自责。指责通常和以偏概全和应该与不该两种偏颇想法有关。你会为一些你不该负全责的事自责，或指责别人忽视了你的贡献。你忽略了责任的准确归属，实际上妨碍了正确想法的产生，比如：

都是我的错。

你毁了它！

不是我干的。

更多思考

读这部分的时候，你有什么样的偏颇想法？

贴标签。贴标签指的是把某些特质归咎于自己或他人的行为。你不说"我犯了个错误"，而是告诉自己"我是个失败者""我很笨"或"我是个混蛋"。在对别人进行粗暴分类或中伤时，我们的想法是"他是个蠢货""你能指望一个资本家干出什么好事"……这会阻止你吸取经验并采取有效的纠正措施。

大脑在发展各种各样偏颇想法时具有无限的创造性。保持警惕，看看你还能找到多少其他形式的偏颇想法。我还发现了其他一些有趣的表现。

不相关借口：事情发生是因为我还没喝咖啡。

荒谬规则：我已经去过银行了，今天不能再去一次了。

神奇逻辑：在吐司上抹花生酱和果酱和吃花生酱后再吃果酱三明治是不一样的，所以卡路里不算太多。

自我设限：我做不到，以前没做过，能力不够。

稀缺思维：我没有足够的时间、金钱或资源去改变情况。我如果能得到更多帮助就好了，就可以做到了。

软瘾经验谈

伊莉丝：我有一种非常奇怪的逻辑，每天早上我都用它来打击自己。当我要参加一个让我压力很大的会议时，我会想："我太胖了。如果我能减掉这些赘肉，在会上就能表现得更好了。"这根本说不通，但我脑子里就是这么想的。

放轻松的好处

你不需要摆脱自己的偏颇想法，你需要用幽默和同情心来调节它。带着对自己缺点的幽默感和同情心，我们更容易看到和接受自己的行为与梦想不一致的地方。幽默给了我们必要的距离和空间，让我们承认自己的软瘾习惯有问题。

我们都不喜欢觉得自己很蠢，也不希望承认错误。当我们不能嘲笑或原谅自己时，承认这些感觉或错误就加倍困难了。保持幽默感可以促进同情，同情有助于我们质疑、检验和改变我们的行为。带着同情和幽默，我们承认自己不尽如人意的地方，但仍然知道自己是好人。我们不必为了保护自己而撒谎或否认现实。我们可以更镇定地面对自己不吸引人的部分——缺点和不合理的需求。

"快停下！我要笑尿了！"巴特调侃自己的软瘾时，苏笑得上气不接下气。在谈论这个话题时，巴特有意识地努力表现出幽默感——这与过去他避免说实话或在羞愧和尴尬中低下头的样子截然不同。当巴特谈到他对打量女孩上瘾时，苏笑得前仰后合。巴特用从 0 到 5 的等级来评估自己的表现，0 表示"快速移开视线"，5 表示"像巴甫洛夫的狗那样气喘吁吁地流口水"。他向一同接受培训的同伴们讲述，在这个夏天他发现了多少"5 级对象"，导致他因为总扭头而被送到按摩师那里治疗颈椎。我们开始盼望从他那里听到这些荒唐的事。拿自己开玩笑给了巴特足够的距离客观地看待自己，并开始应对他的软瘾。他甚至参加了即兴表演班，并在单口相声方面取得了一些成功。巴特虽然有时仍沉溺于他的软瘾，但他已经看清了它们的本来面目，可以拿它们说笑了。凭借幽默和同情，巴特从他的软瘾中解脱，并走向了更充实的生活。

培养你的幽默感

过上更充实的生活对我们每个人都是一个巨大的挑战，对完美主义者而言尤其如此。如果缺乏幽默感，遵从核心决定会成为一个不可能完成的挑战，从而不具备吸引力。我们如果能有意识地努力放松自己，并对自己的行为开怀大笑，我们中大多数人都会受益。在这本书后面的练习中，你会发现一些培养自我接纳、同情心和幽默感的技巧，比如写幽默日记、用创造性的方式表达幽默以及每天练习宽恕。

> 对自己有点儿幽默感的人会这么想："必须在两种不幸中选择时，我总是喜欢选我没尝试过的那个。"
> ——梅·韦斯特

更多行动

你可以读读索菲·金塞拉（Sophie Kinsella）的《一个购物狂的自白》（*Confessions of a Shopaholic*）或玛丽安·凯耶斯（Marian Keyes）的《瑞秋的假期》（*Rachel's Holiday*），以幽默的方式看待偏颇想法。看看里面主人公滑稽的借口和愚蠢的思维是否和你的有些相像。

"软瘾模板"

你会发现另一个控制思维的强大工具是"软瘾模板"。我们在培训中一直使用这个模板，并得到了一些惊人的结果。现在，你将接触到模板的第一部分，它主要应对的是偏颇想法，但是在接下来的章节中，我们将向模板中添加更多的技能。你将在附录中找到可以使用的空白模板。请记住，你在任何时候发觉自己的偏颇想法后，都可以使用下面的问题来重新调整你的想法。

1. 什么样的事件或情况会触发你偏颇想法？你有什么软瘾？

2. 你当时有什么感觉？

3. 在这件事发生期间或之后，你在想什么？这些想法是如何阻止你追求更充实的生活的？

4. 你可以用什么积极想法去替代消极想法（能够反映真实情况的，或者幽默、同情、宽容的）？

在审视你的答案时，你能看清你的软瘾吗？你能看出偏颇想法是如何阻止你识别出那些导致你的生活更加贫瘠的习惯的吗？

....

软瘾经验谈

薇诺娜：我要准备一场让我感到压力特别大的商业演示，于是我的偏颇想法就出现了："我肯定要搞砸。我的上司肯定不会满意。我能挺过这一关就算运气好了。"幸运的是，在了解偏颇想法之后，我能迅速认出它了。它的出现意味着我有些强烈的情绪。我发现自己的情绪是恐惧和愤怒，于是决定改变这一切。我努力摆脱偏颇想法，试着把思维转向我对会议的愿景上，也就是我希望它变成什么样。我不再进行自我打击，而是安慰自己说，我已经做好了准备，并已经尽了最大努力。这真的改变了我的态度和我的演示效果。我的建议被采纳了，我还发现上司和我并没有太大的不同，他也有很多和我一样的恐惧。注意到自己偏颇想法给了我应对工作中的挑战的全新模板。

使用本书附录1的模板，把它作为一项强大的、改变生活的练习，让它帮助你追踪那些促使你沉溺于软瘾的想法。同样，这个模板将帮助你学会用富有同情心或更积极、更准确的思维来取代那些偏颇想法。你不仅会克服你的软瘾，还会掌握用理性、爱意和共情与自己沟通的方法。在每一章中，你都会发现可以应用此模板的新技能。

偏颇想法之所以产生，是因为我们需要向自己和他人解释为什么我们的生活如此贫瘠，只在意表面需求而从未感到真正的满足。这些观念让我们无法真正了解自己。意识到自己的偏颇想法可以让你发觉你对自身和世界的错误看法，从而让你更了解和理解自己。在下一章中，你将学会通过挖掘你的软瘾产生的深层原因来学习欣赏自我中更重要的部分。

第 5 章

破解你的软瘾密码

探索精神世界的基本原则是,让我们遇到的问题成为智慧和爱的发源地。
——美国作家杰克·康菲尔德(Jack Kornfield)

在每一个软瘾习惯之下,都有一个宝藏等待着我们去发现。解码软瘾后,它的每一个方面——我们依赖的对象或活动、触发的情况甚至想要逃避的感受——都揭示了关键信息。所有软瘾都有积极的意图,因为它们源于我们想要好好照顾自己这一动机。然而,讽刺的是,也正是这些软瘾阻碍着我们真正照顾好自己,因为它们掩盖了让我们感到空虚、孤独、不适或不被爱的潜在的问题。软瘾会压制我们需要感受的感受,阻止我们阅读我们的系统试图发送的信息。

我们软瘾的产生原因往往超出了我们能意识到的范围。我们可能会意识到沉迷于软瘾的冲动,接受表层原因(我无聊了、我需要休息),好像它们真的能解释我们的行为。我们只会对自己偏颇想法做出反应,而忽略更深层次的原因。为什么此时此刻我会沉溺于软瘾?为什么我会有这种习惯?为什么会形成这种模式?在表面的欲望之下,我们常常看不到能解答这些问题的深层次的需求——渴望舒适,渴望变得重要,渴望感受到意义。事实上,正如我们在前一章中看到的，我们的偏颇想法在面对内心深处的那些强大的刺激时起到了缓冲作用。然而，我们只有最终接受我们潜在的需求和恐惧，才能过上真正想要的生活。

在这一章中，我将研究软瘾的两类原因——历史原因和功能原因。历史原因指的是我们为什么在过去开发出某种软瘾（或它的雏形）来应对某种特定的情况。通过追溯这一历史原因，我们可以理解自己在孩童时期是如何尽我们所知的最大努力，利用我们当时可用的资源和能力，对某种挑战做出创造性、适应性的反应，从而发展出如今的软瘾模式的。另一方面，功能原因指的是我们在某些时刻陷入软瘾的原因。比如，为什么我15分钟前不想吃糖果，现在却想吃？这两个原因互相作用，把我们禁锢在自己的习惯中。但是通过破解软瘾密码，我们可以摆脱那些挟持我们做人质的习惯。

引导能量的流向

当你发掘出你的软瘾背后的原因——潜在的需求时，准备好揭示一种强大的情感力量吧。这些需求中蕴藏着强烈的情绪，而它们直到现在还没有被发现。

注意事项

当你意识到你的原因时，你可能会放松情绪。走向你的感觉，充分地感受它们。它们是很强烈，但你更强大。你如果逃避自己的感受，将无法驾驭它们，很可能退回你的日常习惯中。没有不好的感受，只有不够成熟的技巧。获得支持，培养技能，做更真实的自己。

软瘾习惯是我们引导能量流向的一种方式。我们的情绪占据了我们生命能量的很大一部分。如果我们反感自己强烈的情绪和欲望，或者认为必须控制它们，我们就会试图通过软瘾来管理它们。软瘾的功能就像音响系统或其他电子设备中的电阻器，可以引导和抑制流入的电能。它在吸收的同时会抵抗进入系统的电压，只留下刚够设备工作的电量。

同样，当情绪和欲望在我们体内横冲直撞而我们没有能力处理时，我们就会借助软瘾使自己麻木，从而"抵抗"我们的生活能量。这造成了一种我们认为正常的低情绪的"游离"状态，但这其实并不正常。看看孩子们吧，他们从不会游离于情绪之外。他们有很多情感，而且会自由地表达。我们不想培养引导能量流向的能力，所以选择进入游离状态。意识到日常生活下未被满足的需求时，我们就有机会扩展自己的能力，投入地体验能量的流动。

在做出我的核心决定后，我开始选择那些让我感到更有活力而不是麻木的活动。我开始接受自己的情绪，而不是把它们压制下去。直到那时，我才意识到我曾经多频繁地利用软瘾来调节情绪流动。当我探究历史原因时，我意识到，由于小时候不知道如何处理自己的情绪，我退而求其次，麻木了它们。接受自己的情绪后，我感受到了更强烈的悲伤、痛苦、恐惧和愤怒，但也体会到了更多的喜悦、疗愈、成功甚至爱。我不再努力变得舒适，而是接受了自己的不适。讽刺的是，这种接受让我得到了安慰和滋养。我不仅接受我的感觉，而且还意识到我实际上需要通过感受来获得满足感。我的情绪让我的感受更真实、更真诚、更坦率了。

有一套古怪习惯的服务生

坐在一家餐馆里写这本书的时候，我注意到服务生唐娜在厨房里进进出出，每次都会抓一把坚果出来吃。餐馆里食客不多，于是我开始和她攀谈起来。她说，她一把一把地吃坚果是因为无聊。"我甚至不饿，但似乎停不下来。我每次进厨房都要抓一把坚果吃。"她解释道。

单单这个例子并不足以表明唐娜有软瘾，我们需要对她和她各种各样的日常活动有更多了解。然而，唐娜的行为告诉了我们为什么我们会陷入软瘾。唐娜可能对很多事情感到不安或焦虑，比如没什么事做、生意不好、拿不到多少小费——然而她的说法只是"因为无聊"，她才一直回厨房找坚果碗的。

更多行动

试着分析一下朋友或伴侣的软瘾背后的原因。写下他/她的软瘾习惯，并推测他/她被那些特殊习惯吸引的现象背后更深层次的原因。

完形心理学的创始人弗里茨·皮尔斯（Fritz Perls）认为无聊是受到压抑的愤怒。我相信它也可能是其他被压抑的情绪引起的。唐娜告诉我，她喜欢自己的工作，但当工作节奏变慢时，她发现自己很难集中注意力。她说："在像今天这样的日子里，我很难觉得自己过得有意义。我只是在打发时间。"显然，唐娜害怕自己失去价值，害怕贫穷的感觉，害怕没有足够的钱来支付账单。她试图用"无聊"和坚果碗来麻痹自己的恐惧。

唐娜不停吃坚果的原因并不是无聊——那只是一个表面解释。通过更深入地观察她的日常生活，我们发现她渴望安全感，渴望有所作为，渴望感到自己的价值，渴望投入某一项活动的感觉。通过明确自己真正渴望的是什么，唐娜可以设想出更多方式来更直接地满足自己的深层需求。为了让自己感到投入或有所作为，她可能会选择与客人进行更深入哪怕较为缓慢的接触，或者与同事交朋友，甚至要求承担更多责任——所有这些都会让她获得更深刻的安全感。说不定，她在工作更专心以后甚至可能获得晋升，成为经理，并能帮助自己未来的员工应对无聊情绪。

软瘾的起源：错误观念

我们的大多数软瘾都可以追溯到我们小时候。它们是我们为了应对这个世界而习得的行为或态度，会被我们对自己和周围世界的错误观念强化。

当我们还是孩子的时候，我们就学会了忍住眼泪，否认恐惧，抑制愤怒，甚至在家人的反对下抑制喜悦和爱的表现。我们学会用压抑来应对情绪。我们可能会用吃糖或看书来排遣情绪，躲起来，或者在自我怜悯中崩溃——这就是我们软瘾的开始。那时，这些习惯保护着我们，给我们带来了我们急需的舒适感。我们不认为还有其他行为方式。

我们的童年经历让我们形成了关于自己和世界的信念。我们会据此断定自己是否值得人爱，世界是否安全，以及其他人是否在意我们的满足感。我们经常从我们有限的观点出发，形成错误的信念。在这些错误观念中，我们的偏颇想法得以产生，反过来又滋生了我们的软瘾。

作为孩子，我们缺乏可以调用的资源，因此只好借助充满创意的软瘾来适应挑战或艰难的局面。作为成年人，我们有其他资源可用来应对类似的困难，但我们往往会求助于童年时那些根深蒂固的习惯，从不考虑其他选择。在某些方面，我们就好像仍然在用孩子的眼光看世界一样。我们一次又一次地尝试软瘾行为，在潜意识里认为它们最终会奏效。我们通过对未被定义和认识的问题采取软瘾式解决方案，养成了软瘾习惯。

如果我们都是在鼓励我们直接表达感情并会提供给我们安慰和鼓励的环境中长大的，如今的我们就会更直接而有效地表达自己。我们应该学会谈论我们的感受和担忧，并得到适当的指导、反馈或安慰，而不是转向软瘾习惯。作为成年人，我们拥有了孩提时缺

> 不管你喜欢与否，你的过去都造就了你。每一种遭遇和经历都有它自己的影响，就像风塑造平原上的牧豆树一样塑造着你。
> ——美国自行车运动员
> 兰斯·阿姆斯特朗
> （Lance Armstrong）

乏的力量，可以理解我们内心深处的伤痛和渴望，并将其直接表达出来，但我们也在与根深蒂固的行为做斗争。而且在很多方面，我们的社会通过阻碍我们对情绪的有效处理来促进软瘾。我们会因为坚持自己的偏颇想法而得到间接的回报。

参考我和别人的故事，你会发现你的软瘾的滋生地。你可以看到，童年的经历是如何演变为成年后的软瘾的。这些故事还会告诉你，该如何通过将早期经历与特定软瘾联系起来的方式，帮助自己摆脱这些行为。

历史原因：为什么会形成

当我更仔细地审视自己沉迷于阅读、看电视和吃零食的习惯时，我脑中浮现了一个胖乎乎的小女孩放学后懒洋洋地看着电视，吃着一袋袋巧克力饼干，喝着一盒盒牛奶，漫不经心地写着作业的情景。当我再凑近些，我看到的却是一个孤独的女孩无法分享或表达她的烦恼的情景。回想那个时候，我能感觉到内心和周围的痛苦和紧张，好像在表面的平静下潜伏着一股暗流。我不想给家里增添紧张或不安的气氛，但有些感觉我还是无法忍受。我开始用吃东西来填满肚子，这样我就不会感觉到肚里的翻腾了。我成功地使自己对沮丧感到麻木。在孤独中，我渴望与人建立联系，获得更多的关系。我没有在我周围的世界中找到它，便转而去书和电视的世界中寻找它。这些模式一直延续到我成年后。现在我知道，当我产生一种沉迷于软瘾的冲动时，我就会在内心寻找那个渴望安慰的小女孩。我知道她值得关注和陪伴，那是我可以给予她的。

鲍勃的原因：晚餐时的紧张气氛与看电视

"我不能在家里摆电视。我对电视有瘾。"我丈夫鲍勃在我们结婚时强调说。我当时还不知道他的话不是开玩笑，既然这么说就意味着问题很严重，因此犯了个错误,还是在家里放了电视机。当我看到鲍勃在两三个节目之间不停地切换,即使我趁着30秒的广告时间和他搭话他也不理我时,我终于明白了这个问题的严重性。(后来我们家里再也不放电视机了,只有一台我们平时收起来,偶尔会搬出来看电影的。)

当鲍勃问母亲他为什么会沉迷于电视时,他母亲回答说:"你小时候,你父亲受不了小孩吵闹。你四岁、你妹妹一岁半时,我们买了第一台电视机。我发现我们看着电视吃零食的时候,你父亲就不会对你们感到不耐烦了,于是我开始在晚餐时打开电视。你父亲的沉默对我们来说是一种解脱。"鲍勃的母亲没有意识到,软瘾在最初只是一种试图处理不希望出现的情绪的错误尝试。在鲍勃小时候,吃饭不是促进家里人交流或让孩子们得到关注的时间,而是通过掩盖问题的方式让父亲的不安和焦虑得到缓解的机会。鲍勃学会了掩盖焦虑。他比我更容易在吃饭时走神。他已经学会了如何管理它,但看电视的冲动仍在他内心强烈地鼓动着他。

希瑟的原因:用打扮来掩盖问题

"买到累倒为止!"这是希瑟的"战斗口号"。只要是能打扮自己的东西,她都会去买,即使这意味着要在大牌服装上透支。但在刷爆了信用卡瞒着丈夫买下太多东西后,希瑟决定做些改变。当她更深入地审视自己购物的冲动时,她意识到,在还是个孩子的时候,她总会因为漂亮得到很多积极关注。每当她感到缺乏安全感或不被爱时,她就会悉心打扮以吸引别人的注意。她的结论是,重要的并不是她做得多好,而是她的外表如何。她被母亲理解和重视的渴望无法得到满足,于是她转而成为母亲眼中的洋娃娃,以做弥补。回头看,她才意识到,母亲在她12岁之前一直会在晚上为她准备好明天要穿的衣服。在了解原因后,她做出了自己的核心决定——"成为一个有内涵、有作为的女人"。希瑟扭转了她的生活。她有时仍然会狂买东西,或过于注重自己的外表,但她已经学会在软瘾之下找原因,帮助自己用更直接的方式呼唤关注,以积极的方式寻求联系,比如打电话给朋友或要求丈夫拥抱她。她甚至在成年后再次回到大学里读书。她意识到比起外表,自己更应该重视的是思想。

发现软瘾习惯下更深层的需求和模式,可以帮助你提升自我接纳和同理心水平。当你更加深入地掌握你的行为原因,你就会对自己产生更多共鸣和理解。软瘾不再像是某种道德缺陷或意志软弱的表现了。你揭示了这些行为的本来面目——它们往往是不合适但充满创造性的尝试,目的是满足一个非常真实和合理的需求。我意识到我渴望表达和接触。鲍勃看到了自己内心深处的渴望——渴望得到肯定,渴望获得安全感,渴望通过谈话来解决问题。希瑟如今看到了自己渴望被接受和被爱的事实。认识到行为背后的原因——孕育我们信念和行为的环境后,我们就可以为自己和他人获得更多的理解和同情。认识到这些更深层次的渴望后,我们就可以开始制定策略来满足它们。有了这些知识,我们就可以根据我们的核心决定做出不同的改变。

连接过去与现在

你刚刚读过的关于行为原因的案例可以让我们一窥童年经历和成年后的软瘾习惯之间的联系——但只是一瞥而已。我们过去的事件与如今的日常生活之间的联系是一个复杂的网络,想全面地探讨这一问题需要很大篇幅。但第一步是要明白,我们从童年起就对世界形成了错误的信念。例如,我认为孤立是保护自己的唯一方法。面对父亲的不悦,鲍勃得出的结论是,表达观点不是一件好事。希瑟坚定地认为,她的真实自我是不可接受的,只有她的外表才重要。回首往事,我们都能确定让我们认为自己的感受不好、不受欢迎的观念是在什么时刻形成的;我们可以找出那些证明了人们不想听我们表达的事例;我们可以看到自己是如何得出"世界是个冷漠的地方"这样的结论的。

一旦我们对软瘾有了这样的认识,我们就能更好地挑战让我们裹足不前的观念。我们可以接受这样的事实：真实的我们并不邪恶、软弱或愚蠢。我们可以看到我们行为背后的积极意图，而我们创造这些模式不过是为了保护自己罢了。这种观点会帮助我们培养对自己的同理心，创造舒适、有疗愈效果以及更充实的生活。

软瘾经验谈

本：小时候，我爸爸从来没有和我一起吃过晚餐，我也觉得事情就该如此。但我讨厌一个人吃晚餐的感觉。在成为父亲后，我也尽量避免跟孩子们一起吃晚餐。直到他们开始抱怨，我才意识到这对我来说是一种软瘾。我这么做是因为我不想感到难过，就像以前我爸爸不在时我感到的那样。在发现了这个原因后，我意识到其实我不需要感到难过，因为我不再是那个孩子了，现在我完全可以换种方式做事。我正在学习如何与妻子和儿子们一起做一顿营养丰富的晚餐，使我们之间的联系更紧密。事实上，我们经常一起做晚餐。这种感觉很棒，我喜欢和妻子和孩子们其乐融融的感觉。

想想你的行为的历史原因。也许你通过无视争吵来应对父母的紧张关系，或通过沉溺于幻想来对抗孤独，或通过取悦家中每个人的行为来避免冲突。也许看几个小时的情景喜剧或读科幻小说能帮你应对痛苦、愤怒或恐惧。

无论你小时候经历过什么，你的行为都是为了适应环境而产生的。今天，你仍然会对童年的环境做出反射性的反应，即使你已经不再是那个孩子。如果这些反应是你有意识地选择的，那么它们并没有问题。一旦成为低效的、习惯性的、无意识的反应，它们就成问题了。因此，关键是要有意识地做出反应。尽管我们中的许多人对不同事物有多种软瘾，但很可能存在一种连贯的、潜在的模式在驱动它们。逐渐发现这些模式后，我们就能纠正我们思维中的错误。

迪安的妻子对他们一发生冲突迪安就不理睬她的行为非常生气。她一提高嗓门，他就退缩了。"就好像他根本不在房间里。"她抱怨道。迪安做出了核心决定"把生活当成一场冒险"，而这要求他有勇气回头检视自己的行为模式从何而来。他没想到这样做竟然激发了他对自己的无限同情。

"我小的时候，家住在火车道附近，"他解释说，"我父母经常激烈争吵，声嘶力竭地尖叫。而火车一来，我就如释重负，因为我再也听不到他们的声音了。"迪安曾利用火车来练习隔绝外界的冲突或争吵。最终，他不再需要火车的声音了，因为当有人提高嗓门时，他已经能做到置若罔闻了。意识到自己的行为根源后，迪安对童年的自己产生了同情——那个孩子没有更好的方法来应对家里的冲突。现在，作为一个成年人，他已经对自己的软瘾起源有了认识，更加同情自己，并学会用更好的方式来更直接地面对冲突了。

你某些情绪的根源

到目前为止，我们主要讨论了与行为相关的软瘾，但软瘾也会表现为习惯性的情绪和思维方式。正如服务员唐娜用行为（一次次抓坚果吃）来逃避自己的真实感受一样，我们也养成了用来逃避情绪以及对生活的责任的持久的心理习惯。

也许下面的列举可以帮助你识别自己的一些情绪类型的软瘾。你认为自己是否存在这些行为？（再想想你的童年和家庭生活模式。）

回避或大事化小：你"把头埋在沙子里"，拒绝和他人交流或假装事情没有那么重要。

攻击和优越感：你批评别人，指出别人的不足或让别人难堪。

自怜/羞愧/自卑：你表现得很无能，自暴自弃，陷入绝望，自怜，牢骚满腹，感觉自己像个倒霉的受害者。

消极攻击：你拖延，假意应承，或者通过冷战来间接惩罚别人。

操纵：你通过提出间接的要求转移了注意力，从不直接地问自己需要和想要什么。

防御：你为自己辩解，歪曲事实，隐瞒真相或干脆撒谎。

迷糊：你行为暧昧，精神恍惚，拒绝面对自我，东拉西扯或小题大做。

我们都不希望自己在他人眼中是个虚伪、充满控制欲或敌意的人。但是请记住，我们的情绪软瘾和我们对事物的软瘾具有相同的积极意图。也就是说，我们是把它们作为应对环境的机制来发展的。请阅读辛迪和约翰的事例，这些故事也许会让你发现自己对某些生活方式的嗜好背后的原因。

辛迪的消极攻击

"我的很多软瘾都与消极关注有关，比如说谎、逃避、拖延或消极攻击。回头看我的童年时，我意识到，在我六七岁的时候，我受到的关注用我现在的话说叫'无意识关注'。这种关注表面上是积极的，但实际上并不真诚。我的父母只会说一句'干得好'，然后觉得这就够了。只有从消极角度关注我时，他们才比较上心。所以，我学会了让别人冲我叫喊、批评我、注意我的不良行为，通过这些方式让他们与我建立联系。我渴望与人建立联系，并通过自暴自弃、消极攻击和拖延来表达这一点，所有这些都变成了一种模式。"

约翰的自怜

"我发现我的一个软瘾是向妻子抱怨。我意识到当我想引起她的注意时，我就会向她抱怨。我觉得其实我清楚，在某种程度上说，如果我不开心，她会更加努力地取悦我，更加关注我，对我的期望也会更低。这就是我得到的回报——就像我在成长过程中从妈妈那儿获得的一样。我在不开心的时候从妈妈那里得到的关注最多。我们家从没有人愉快地开玩笑或交谈。我们总是抱怨，每天只能听见对方的抱怨。回想起来，这是一种很糟糕的引人注意的方式！它确实阻碍了我们发展更健康的关系。"

功能原因：为什么在这时出现

正如我们所见，通过回顾你的过去，你可以找到关于你的软瘾的很多线索。还有一种方法可以帮助你发现你未被满足的需求和适应性反应，那就是在你每次软瘾行为之前注意你当时的感受。通过不时观察自己，你会发现引发某些模式的因素——当时的情况、未满足的需求和其他因素。当某件事发生时，你会突然产生看电视、上网、幻想或吃东西的欲望。通过跟踪自己的行为轨迹，你可以找出你的软瘾的导火索。你可以回答这个问题：为什么我的软瘾会在这个时候出现？

我想知道她昨晚睡在哪儿。看她那破烂的外套。去理个发，行不行？当罗莎在乘坐电梯从她的44层公寓到1楼时，她不断打量着其他人，这些想法掠过她的脑海。

罗莎每天早晨都会乘坐电梯，但她总是避免和同行者说话，而是沉浸在脑内的自言自语中。这很正常，谁会想和她眼中那群失败者聊天呢？但在她产生这些想法的同时，她自己的感觉也并不好。虽然她从自己的优越感中得到了一点儿冷冰冰的安慰，但她对别人的批评使她感到更加暴躁和孤独了。

在意识到自己的攻击模式和优越感之后，罗莎做出了自己的核心决定——"保持真诚和诚实"——破解了自己的软瘾密码。她向自己承诺，在任何时候都要尽可能说出真相。当她开始面对真相时，她意识到自己对他人的批判心态就是一种危险信号——意味着潜在的不安和恐惧。她会通过贬低别人来提升自己的自尊心，掩盖自己的自卑感。

如今，她一旦沉溺于八卦的想法和消极的批判心态中，便知道自己对自己缺乏安全感，对自己的生活感到恐惧。她勇敢地面对自己的恐惧——为可能出现的障碍和问题做计划——并在这个过程中安抚自己。

　　罗莎将她的软瘾变成了一种积极的暗示，帮助自己审视自己的感受，找出当前的问题所在。罗莎对自己更友善后，发现自己对别人也有了更多同情。现在，她不再在心里批评每一个人，而是祝他们的一天过得好，或者默默为他们祈祷。罗莎开始享受作为人群中一分子的感受，而不再追求遗世独立或凌驾于人群之上的优越感。

破解你的密码

　　像罗莎一样，你也可以破解你的软瘾密码。本书的练习部分有一些工具可以帮助你明确自己为什么会出现幻想、疯狂购物或陷入自怜情绪这样的行为。通过思考之前提出的问题——你的童年经历与行为模式——你已经破解了一些密码。只要意识到你的软瘾是如何与你过去和现在的事件和行为相对应的，你就会开始朝正确的方向思考。你已经瞥见了其中的原因。下面是练习部分的两个例子。

分手很难：解决历史原因

　　一种承认并摆脱你的软瘾的历史原因的强大而有趣的方法，就是写一封绝交信。写作是全面发现自己软瘾的好工具。当我们的学员把特定的软瘾拟人化并给它们写信，他们通常就会明白自己为什么会被这些东西吸引，并能够确定它们背后的积极意图，然后摆脱它们。在信中，他们承认软瘾对自己生活的消极影响，并用幽默和同情来解释为什么要和它们分手。我将指导你在本书的练习册中写下你自己的绝交信，这里有一封样本可供你参考。

　　亲爱的香烟女士：
　　　　感谢你多年来为我提供的安慰和灵感。

第一次和你"约会"的时候，我还是个孩子——一个渴望变酷的孩子。你是我克服恐惧的方式，给了我一些事做，帮我和别人建立联系（借火是个很好用的开场白），让我更合群。

这些年来，你一直在安慰我。现在，我吸烟的时候，就像在吸奶嘴或吮拇指一样。

我发现我再也承受不起这段"感情"了。不仅因为你变得越来越贵，而且因为你真的不适合我。我呼吸困难，咳得更频繁，耐力也更差了。不仅如此，我的口气也变得很难闻。

别为我担心，我正在寻找其他方法来安慰自己，让自己有事可做。我不是说现在就要完全离开你，但不久以后会的。

我爱你很久了，该说再见了。

再见了，我的爱
凯瑞迪

附注：亲爱的咖啡先生，我也不能经常见你了。我想慢慢和你说再见。你和我过去见面太多了，但我现在想和茶先生和果汁女士一起玩。谢谢你！

软瘾同义词典：把软瘾翻译成感受

你会发现，你的各种软瘾，无论是暴饮暴食的行为，还是像总是生闷气这样的情绪，始终与潜在的感受有关。一旦你意识到是什么感受触发了你的行为或情绪软瘾，你就可以再把你的软瘾翻译为潜藏的感受。你可以找到你现在的软瘾背后的原因。你会知道为什么你会一个劲儿地查看邮件——每当你对一个新工作项目感到焦虑时，你就会这样做；你也会意识到你为什么会对他人吹毛求疵——因为你缺乏安全感。

创建"软瘾同义词典"是一种帮你意识到这些感受的强大而有用的方法。

你可以找出你的软瘾或行为，然后试着找到它对应的感受。这里是一些软瘾同义词的例子，你会在练习册中找到相应的练习。

软瘾行为	感受/情绪
暗中评判他人	缺乏安全感/对自己感受不佳/对生活感到恐惧
八卦	孤独
疯狂锻炼	愤怒/怨恨
幻想和明星恋爱	感到缺爱
总是抱怨工作	恐惧改变

软瘾经验谈

卢克：我就站在自动售货机前，以最快的速度往里面塞硬币。我甚至不知道我是怎么跑到那儿去的。我只知道我必须吃巧克力，而且现在就要吃。我开始用我的软瘾同义词典来查找行为或情绪，随后意识到我在害怕时经常想吃巧克力。当时我正准备打电话发展一个大客户，那就是我去找自动售货机之前在做的最后一件事。现在我知道我是怎么回事，为什么非要立刻吃到巧克力。于是，我可以直面恐惧：给自己安慰，向同事请教诀窍，把这个电话排练一遍，或者做无数其他准备工作来应对恐惧——然后把这个订单拿下。

你发现自己有软瘾的时候，随身携带一本"同义词典"可以帮助你将其与潜在的感觉相匹配。你发现自己沉迷于软瘾时，就可以拿出你的同义词典。它会提醒你注意隐藏在软瘾之下的感受。

> **更多思考**

荣格学说的支持者认为喝烈酒是渴望精神力量的体现。同理，嗜糖是因为渴望生活中能拥有更多甜蜜。你认为还有其他的可能性吗？

你可以想想，你能做些什么来照顾你的感受，安慰自己，或者更好地为一件事做准备，而不是投向软瘾的怀抱。记住，你和你的感受都是宝贵的，值得你好好对待。

软瘾经验谈

伊娃： 我有一种在下午或晚上吃一碗麦片的软瘾。问题是我有两个小女儿，她们开始把这种习惯看作吃饭的正确方式，所以总会求我也给她们麦片。回顾过去，我想起我小时候的饮食确实不太正常。我的父母不会处理一些无声的冲突和压抑的感情，而是会让我和兄弟姐妹做我们想做的任何事，于是我就会把麦片和冷掉的热狗当饭吃。当我意识到这一点时，我发现这些不健康的食物已经成为我作为成年人感到焦虑时安慰自己的方式了。在还是个孩子的时候，我从来没有真正学会去吃有营养的食物，所以为人父母后我面临的挑战也就不足为奇了。怀着对自己的同情，作为成年人，我决定好好对待自己，就像我小时候希望的那样。现在我已经学会了为自己和家人做有营养的饭菜。当我感到不安，想要拿麦片时，我知道我需要在吃之前和我的丈夫或朋友谈谈。我可以自豪地说，我的女儿们现在有了向她们示范如何照顾自己的好榜样。

为了破解软瘾的密码，你探索了原因——错误的信念、根深蒂固的习惯、情绪、个人经历、感受和当下的压力。破解软瘾密码可以提供强大的线索，帮助你理解你的模式从何而来，以及是什么在特定时刻触发了它们。这种自我认知会给你力量去指导自己的生活，而不会受你无意识动机的影响。与其接受偏颇想法并对行为进行合理化，你会知道你目前行为的原因，可以开始寻找满足你需求的方法。更深的渴望隐藏在对软瘾的需求之下。在下一章中，你将学会如何识别并实现这些更深层次的渴望，从而过上更充实的生活。

第 6 章

满足你的精神需求

在我看来，我们永远都不能在活着的时候放弃渴望。有些在我们心目中美或好的东西，我们必须渴望获得它们。

——英国作家乔治·艾略特（George Eliot）

精神需求是驱动我们追求理想生活的基本欲望，是我们最深刻、最重要的需求。然而，矛盾的是，这些需求也是我们最不擅长去满足的。相较而言，我们并不知道自己内心深处的渴望，而会把它们与表面的欲望混为一谈，然后试着用软瘾来满足这些表面欲望，但无论我们多么努力尝试，它们永远不能满足我们深层次的需求。

我们处理更深层次渴望和需求的方式塑造了我们的生活。我们对需求的意识程度决定了我们的满足感和成就感，我们对生活的贡献，我们的影响，以及我们对快乐、痛苦、和平与爱的体验。我们如果否认自己的需求，就会错过滋养内心深处的机会。我们会变得焦虑、疯狂、心烦意乱、空虚，无法过上我们想要的生活。当我们认识到自己内心深处的渴望并寻求直接实现它们时，我们就会创造出更充实的生活。

掌握精神需求的词汇

满足我们的精神需求需要技巧。我们被杂志、电视和广告中的信息包围，它们告诉我们，生活中遇到的巨大挑战可以通过满足表面渴望而立即得到解决——买这个小玩意儿，买这款抗皱霜，开这种车。不幸的是，这些软瘾只会让我们远离更深层次的需求。为了与这些软瘾斗争，我们需要学会辨识我们当下的渴望，并做出正确的选择来满足它们。当我们这样做的时候，我们的软瘾就会消失。

学习满足我们的精神需求就像学习一种新的语言。记住词汇很容易，但想流利地使用这种语言就难了。我们即使知道这些词，也不能保证完全理解它们的意思。直到沉浸到这种语言背后的文化中，我们才能完全掌握它。

我们大多数人都更善于表达表面需求——我们对软瘾的欲望——而不善于表达内心的渴望。说"我想要冰激凌"要比说"我渴望联系，渴望改变世界"容易得多。

我在破解软瘾密码时发现了被软瘾掩盖并麻木的深层次需求。我没有意识到，拥有贪婪胃口的实际上是我的灵魂，而不仅仅是我的身体。我身体里那个慵懒的空洞是我对填满精神世界的渴望。我从来没有意识到也没有尊重过自己对重要事物的渴望，对改变世界的渴望，对爱与被爱的渴望，对超越自我的事业的渴望。

当我开始按照我的核心决定生活，选择有助于我增强意识、察觉感受的活动，我终于开始感到满足。我的生活中充满了在大自然中的散步、愉快的谈话、痛快大哭和捧腹大笑、鼓舞人心的书籍和音乐、满怀信仰的旅行、由衷的快乐、绕密歇根湖骑行等活动。我实际上满足了自己更深层的需求——去感受、去表达自我、去敞开自我——所以我失去了对软瘾的渴望。我不需要用意志力击退它们。通过满足更深层次的需求，我的一些强迫性的欲望也消失了。我已经发现了满足我精神需求的力量与美。

在这一章中，你将会了解精神需求相关的词汇和文化。你会将其与欲望的文化和软瘾的语言进行对比。你甚至会开始学习如何把一种语言翻译为另一种语言。你会越来越熟练地认识到自己的精神需求，并及时满足它们，开始过上你真正渴望的生活。

体会精神需求和浅层欲望的差异

> 我在有最多渴望的时候感到最幸福……我一生中最甜蜜的事情就是渴望……渴望是我能找到美丽的处所。
> ——英国作家 克莱夫·斯特普尔斯·刘易斯（Clive Staples Lewis）

精神需求是我们内心最深处的渴望，一种渴望被满足的空虚，一种对美、爱、希望、贡献和神圣感的渴求。如果没有这种饥渴和空虚，我们可能就不会想去寻找更高的目的或意义。这种渴望引导我们敞开心扉去爱，去追求伟大，去服务，去奉献，去崇拜。

千百年来，人们一直能感到深层次的精神需求：一种强烈的欲望驱使他们建造巨石阵和大教堂，绘制天体运动图，寻找意义，探索自然的节奏，用歌声振奋心灵，在崇拜中感恩，并相信存在比自己更强大的力量。

这是人类心灵的普遍向往。在我们的差异、文化、国籍、信仰体系和种族之下，潜藏着一股将我们团结在一起的精神需求。我们都渴望被关注，被爱，被感动，改变世界，为更伟大的事业出力，与他人志同道合。这种精神上的需求激发了我们对更充实生命内涵的渴望和追求。

软瘾经验谈

亚莉克希亚：我是个工作狂。在离开办公室之前，我总能再发现一些没做的小事——写一封电子邮件，打一个电话，看最后一份文件，等等。结果我回家的时间比我答应的更晚，让我的丈夫很生气。再往深处想想，我意识到我有一种非常强烈的需求，感觉它就在我生命的核心。我发现了这种精神上的渴望——对成就的渴望，对改变世界的渴望。我想，再多做一点儿工作，我就会有价值，我就会有意义。事实上，我是在逃避我丈夫和我们的关系中必要的亲密。当我开始意识到这种需求的时候，我改变了工作习惯，直接满足它。我会在一天结束时给朋友打电话，谈谈我的感受。当我回到家，我会和丈夫花时间用心交谈。我会分享我的一天，遇到的挑战，最重要的是我的感受。我在日常生活中加入这种习惯越多，在办公室里的时间就越少，也就越能满足自己内心深处的渴望。这对他很重要，但对我更重要。我仍然在努力工作，但我也有了一种从未有过的归属感。我觉得自己很重要，并不是因为我加班了，而是因为我本身就很重要。

"充实"的意义之差

你可能已经了解，"充实"有着不同层面上的含义。比如，狭义的"充实"指的只是更充足的物质。但是，不管是在定义还是体验上，多练习分辨这种区别都是有意义的。仅仅从理性上理解差异是不够的，你需要辨识你此刻感受的能力。你如果能做到这一点，就不太可能欺骗自己，说你的某种软瘾和渴望可以和真正丰富的生命内涵画等号。

例如，新款电视、电脑或者关注我们喜爱的名人的一举一动并不是我们真正的精神需求。我们对它们的渴望不过是浅层欲望。我们渴望爱、美、超越和改变世界的机会。简单地说，我们的欲望是拥有更充实的物质，我们的精神需求是过上更充实的生活。

软瘾经验谈

罗勃： 我拥有很多东西，从各种新奇玩意儿到房子、汽车、家庭和工作。但我真正渴望的是接触和联系。我希望有人认识我、关注我、接受我。

你肯定不会认为区分这两者会有多困难。不幸的是，我们的软瘾模糊了它们的界限。我们的精神需求和浅层欲望都急需满足。我们认为，只有拥有某些特定事物或纵容某些特定情绪，我们才能感到快乐或满足。与此同时，我们同样渴望与他人建立更深的联系。

精神需求和浅层欲望有什么不同？

精神需求是灵魂的需求，浅层欲望是自我的需求。满足精神需求会让你获得充实感，而满足浅层欲望只会导致更多的欲望。当我们的欲望得到满足时，我们就会沉迷于给我们满足的物品和习惯。我们都经历过购买新车或新数码产品的短期兴奋，但这种兴奋不会持续太久。当我们倾向于追求浅层欲望的满足时，无论拥有多少，我们都会感到不够。如果我们未来无法拥有这些或得不到更多呢？

我们会感到焦虑，不想放手。我们会陷入浅层欲望的循环。

欲望循环

永远不要低估欲望的力量。我们的欲望可能是肤浅的，但它们给我们的动力却非常强大。为什么？因为它们能帮助我们摆脱更深层次的精神需求。正因为我们的精神需求

> 奇怪的是，我们花了这么多年才认识到一个简单的事实：眼前的奖励、下一个工作、出书、恋爱和婚姻看似总是我们感到满足的关键，但从长远来看，这些永远不够。
> ——美国作家阿曼达·克洛斯（Amanda Cross）

太深，我们才会躲避这个深渊，而不知道真正的幸福就在深渊中等待着我们。精神上的渴望从来都不是肤浅的，但与欲望的驱动相比，它们的力量似乎可以忽略不计，因为我们非常擅长逃避它们。

阅读下面的欲望示例。请注意它们是多么虚假而不可抗拒。把它们大声地说出口，想一想它们背后真正的渴望是什么。

> 释家观点认为，人之所以感到痛苦，是因为他们渴望拥有并永远拥有本质上无常的事物……这种渴望的受挫是痛苦的直接原因。
> ——英国哲学家艾伦·瓦茨（Alan Watts）

我想要一件阿玛尼西装。

我想要一辆宝马车。

我想要布鲁明戴尔百货商店橱窗里的那件礼服。

我想中彩票。

我想要一个性感的女朋友。

我想要一个有钱的男朋友。

我想要空间。

我想要甜甜圈。

我想玩电子游戏。

我想上网。

我希望你别管我，别缠着我。

我想逃离。

我想打发一下时间。

请注意，这些欲望会让你觉得它们迫切需要你满足。这些欲望本身和满足它们的行为没有错，问题在于欲望的强烈程度。我们陷入了欲望的循环：我现在必须看邮件。我想马上玩游戏。我需要一杯咖啡。我们觉得我们的幸福取决于得到想要的东西，即使得到它们并不能满足我们。我们得到的轻微的兴奋或麻木感无法持续，所以我们开始再次想要，形成循环。

确定你的精神需求：关于充实的词汇

和欲望相比，我们的精神需求更深刻也更重要。它们反映了我们内心的渴望：想感受到自己的存在，想表达真我，想体验与他人的联系，想有所作为，想为更伟大的事业出一份力。

精神需求可能比浅层欲望更难确定，但那只是因为我们没有学会寻找它们的方法。下面列出了不同种类的精神需求。对比一下它和欲望给你带来的感觉有什么不同。

我渴望……

- 存在
- 被看见
- 被听见
- 被感动
- 被爱
- 被认可
- 去表达
- 去充分体验
- 去学习
- 去成长
- 去信任
- 去发展
- 被了解

- 变得重要
- 去了解他人
- 去亲近他人
- 去感受联系
- 有归属感
- 亲密无间
- 去爱
- 去做我在这个位置上应该做的事
- 去改变世界
- 去实现我的目标
- 去发现我的命运
- 感觉与更大的整体产生联系
- 与某个集体志同道合

这份清单列出了一些常见情况。你也可以对它进行自定义，使它成为你独有的。下面的例子体现了我们的学员对各自精神需求的定义。

胡安：我渴望得到来自家人、同事和街坊的尊重和钦佩。

米奇：我渴望满足、肯定和认可，这包括我给我自己的，以及从别人那里得到的。

凯瑟琳：我渴望深入地接触他人，看到真正的他们，也希望他们看到我。

里克：我渴望关爱和养分，把自己的存在视为一种祝福，尊重自我。我渴望快乐、由衷、自由自在地表达。我渴望体验活着和自由的感觉。

当我们承认自己的渴望时，我们可能会感到脆弱。表达我们对爱的渴望可能是痛苦的，也可能令人感动。如果那些未被满足的渴望或被抛弃的需求带来的痛苦浮现，请不要关上心扉。当你向痛苦敞开心扉时，你也在向爱与安慰敞开心扉。

不要接受替代品

精神需求和浅层欲望的表现很相近，都处于一种渴望什么的状态，但它们之间的区别很重要。我们先来谈谈后者。

浅层欲望比精神需求更直观，更容易描绘，也更具体。我们想要非常明确的东西——某种类型的新商品、某个品牌的衣服、一辆与众不同的车、某个品牌的快餐食品、特定版本的电脑游戏——甚至是特定的人、情绪或幻想。想充分满足一个欲望，就必须获得和想象中一样的事物（一模一样的东西或某个特定的版本）。通常，这种特性使得浅层欲望比精神需求更难实现。

> 如果我早知道拥有一切会是什么样子，我可能会愿意拥有得更少一些。
> ——美国演员莉莉·汤姆林（Lily Tomlin）

这并不是说我们不应该对我们吃的、买的、消费的、玩的、心心念念的对象或者工作有偏好。只是有时候，这种偏好会变成一种困扰，限制我们的自由。

另一方面，精神需求更容易得到满足，因为它们更深刻、更本质、与情感相关，因此比浅层欲望更普遍。这意味着满足精神需求的选择几乎是无限制的。此外，在满足一种精神需求的同时，我们通常也能满足其他精神需求。例如，通过感受到被爱，我们可能也会感到被了解。感到被了解时，我们可能也会感到有自尊，感到被看见，感到自己活着。任何精神需求，一旦得到满足，就会在我们的生活中全面散播一种成就感。

精神需求会指向一个方向或一种可能性。朝这个方向的任何行动都有助于满足精神需求。就连仅仅是承认精神需求都能使我们感到满足，因为我们不再逃避自己或隐藏更深层的渴望。我们开始了解自己，同情自己。我们对自己的感受更加深刻。我们在更深层次上认识了自己。

与浅层欲望不同，精神需求的满足程度只会受到我们自身创造力的限制。例如，如果我渴望被爱，我可以打电话给我爱的人，可以重读一封衷心的感谢信，也可以回忆起某人曾经怎样对我做了一件好事。可能性是无限的。

下面安娜的这则故事告诉我们，沉溺于软瘾如何限制了我们获得满足的机会。想改变这点，我们必须承认我们一直以来真正渴望的是什么。

安娜是一名计算机专业的大学生，热衷于网上聊天。有一天，她正在自习室里和朋友们互发消息，突然间意识到，他们正坐在同一个房间里。安娜发现自己深深地沉迷于软瘾，而不是更深层次的与他人联系的渴望。她的激情在那一瞬间熄灭了——她和朋友们用电脑进行肤浅的交谈，制造了一种虚假的联系感。她想起自己是多么渴望真正的交流，于是向坐在房间里的朋友们提出了这个问题。"我们难得这样坐在一起，却还是在发信息，何必呢？"她问道，"我建议我们关掉聊天软件，直接说话。"虽然这个要求看起来很普通，但对朋友提这样的要求还是令她感到忐忑。不过，她的朋友们积极地回应了她，他们进行了一次非常有意义的谈话。她也从中了解，一个朋友在生活中遇到了一些挑战，却没敢向其他人开口，而安娜自己在追求更大的梦想时得到了一些支持。注意到自己的精神需求这个简单的步骤不仅改变了安娜的夜晚，也加深了她和朋友们的友谊。

时刻满足你的精神需求

沉溺于软瘾是我们的本能反应，所以我们必须迅速从对浅层欲望做出条件反射转变为对精神需求做出反应。

生活总是给我们带来挑战、压力和艰难处境。我们习惯用软瘾来管理由此产生的情绪。这个过程发生在眨眼之间，因为我们的偏颇想法跳出来引导我们远离更充实的生活、走向浑浑噩噩的状态，就是一瞬间的事。

我们完全可以不走上这条路。当我们染上软瘾的时候，我们实际上已经选择了不去碰触我们当时可能发觉的许多更深层次的渴望。精神需求的满足并不需要你花很长时间去安静地沉思。我们更深层次的渴望可以迅速得到满足：这是意识的问题，而不仅仅是时间的问题。

软瘾经验谈

戴安娜： 前一个月，我染上了一种新的软瘾——撕手上的死皮。我们刚刚搬进了一座我们辛苦赚钱买下的新房子。在我想象中，它会让我们一家人更加亲密。当这一切没有立即发生时，我变得焦虑、害怕和不安。我预想的灵丹妙药没有奏效，于是出于焦虑，我开始撕手上的死皮。当我意识到我实际上是在渴望与我的丈夫和孩子建立更多的联系时，我觉得我可以做些什么。我把这种软瘾视为一份礼物。现在，我让我的丈夫和儿子们在看到我撕死皮时握住我的手。我得到了我渴望的联系，而不必用这种新的软瘾来麻木自己。

注意并回应每时每刻出现的精神需求需要练习，但并非无法做到。就像网球运动员可以通过更快移动球拍来更用力地击球一样，有些人也更善于区分自己的精神需求和浅层欲望，并去满足它们。这些人更快地满足了自己的精神需求。

只要你能迅速地感觉到二者间的区别，在压力下理清现状并直接满足精神需求，你就会体验到充实，获得你真正想要的生活。

我学会识别并直接回应自己的精神需求后，我的生活质量发生了戏剧性的变化。我的核心决定驱策我去满足自己的精神需求。我不

> 有无数人已经够好了，但如果他们能把精力投入对自身渴望的研究中去，我觉得他们会更好。
> ——美国作家 M. F. K. 费舍尔
> （M. F. K. Fisher）

再需要走软瘾、偏颇想法和错误观念的远路。相反，我可以直接去感受被联系、关爱和感动的感觉。当然，我有时也会屈服于我的软瘾。但我知道我是可以选择的，而且这种选择过程变得越来越迅速、有效了。

找到浅层欲望与精神需求的联系

在每一种软瘾中都隐藏着更深刻的诉求。每一种浅层欲望都对应着某些精神需求。你学会精神需求的语言，就能翻译你的浅层欲望，去发现内心深处的需求，并学会直接满足这种渴望。如果你想吃一大桶冰激凌，你的精神需求很可能是得到安慰。那么你可以用很多其他方式来寻求安慰，比如拥抱某人，打电话给朋友或和小狗玩耍。如果你想分享一些有趣的小道消息，你的精神需求很可能是建立联系、寻找归属感。谈论别人的行为不会让你获得真正的联系，但谈论你自己和或你身边的人可以。

学会从你的浅层欲望中发现精神需求，然后满足这些需求，你便会拥有想要的生活。这种强大的技能会引导你实现愿望，获得满足，爱并被爱。

你会在接下来的章节中得到更多的帮助，不过下面的练习就可以培养你对精神需求的意识，让你迅速识别出它们。你可以在书后的练习册里找到这些练习。

提升意识的三个步骤

区分更深层次的渴望和软瘾的练习当然是越多越好。你的熟练程度将决定你的生活是充实还是贫瘠。下面是提升意识的三个步骤。

确定你的浅层欲望

有欲望是正常的。重要的是了解它们的本质。你甚至可以从培养对欲望的意识中获得乐趣。你可以列出所有你想要的东西——从具体的到新奇的，从小到大——从咖啡到读报，从你梦想的汽车到你期望的薪水和你的幻想。关键是享受单纯渴望而不冲动行事的状态。想象一个商店里摆满了你想要的各种东西。想象自己是个小孩，边跑边喊："我想要！"孩子很享受"想要"心爱之物的状态，他们不一定需要真的拥有它们。你可以模仿他们，享受单纯的欲望。就算进入下一个步骤，你依然可以对欲望对象心存向往。欲望并没有错，只要它们没有束缚或伤害你或他人。如果你能有节制地满足欲望，它们对你的影响就会变小。

确定你的精神需求

学会识别自己的精神需求是一项更深入也可能更困难的任务。开始这项任务的一个方法是回顾本章前面列出的精神需求，看看哪些能反映你的情况。关注那些能触动你心弦的事。重新审视你的核心决定，看看它反映了什么样的渴望。你如果还没有确定核心决定，识别更深的精神需求也可以帮助你实现这一点。如果你发现自己渴望与他人沟通，但说谎或回避真相的模式使你与他们疏远，那么你可能会做出这样的核心决定：我要说真话。或者，如果你渴望被爱，你可能会做出这样的核心决定：我要去爱和被爱。

把二者联系起来

一旦你学会了识别自己的浅层欲望和精神需求，下一步就是把它们联系起来。通过提高你的意识水平，你会发现，某种特定欲望仅仅是更深的渴望的替代品。你可以通过下面两个句式来考虑这个问题。

我的精神需求是 _____。
然而我的行为却是 _____。

如果你在思考如何补全这些句子方面有困难，可以参考下面的例子：

我的渴望	我的行为
被看见	开玩笑 聊八卦 穿奇装异服 在穿着上花很多钱 什么流行就买什么 博关注
有存在感	给别人买超出自己预算的昂贵礼物
变得重要	痴迷于收集信息——贪婪地读报、研究数据、泡在网上 幻想别人对我言听计从的情景
被触摸	尝试各种不健康的性行为 降低自己的恋爱标准以获得更多机会
建立联系	聊八卦 过度关注名人新闻 看很多节目，像谈论熟人一样谈论公众人物

渴望一种深层次的联系

关注精神需求的好处无处不在——包括对人际关系的。我们经常犯的错误是只与人分享浅层欲望。结果，我们会和与我们有同样软瘾而非精神需求的人相处。而只有在分享精神需求时，我们才会获得真正的亲密和灵魂之间的深度交流。

我和丈夫鲍勃已经学会在交谈时直接表达我们的精神需求和更深层次的渴望了，所以我们的谈话总会让我们非常满足。我们不会花大量的时间谈论我们的浅层欲望或软瘾。我们以爱、真理、轻松、幽默和情感为基础来分享对我们而言最重要的东西，而不是去讨论电视节目、名人新闻或八卦。可以肯定的是，我们仍然有各自的软瘾和自我封闭的时刻，但我们知道如何重新定位更深层次的渴望和需求。

不要把你的时间、精力和资源浪费在安全的"闲聊"上。不要等到已经很了解一个人的时候才试着通过满足精神需求而非浅层欲望的方式去与其建立联系，这会让你错过很多发展人际关系的机会。想象一下，当你和某人初次约会时，你们就开始讨论更深层次的需求而非肤浅的喜好，会是怎样的情景。

更多行动

找一些交友或征婚启事来研究一下。其中有多少反映了浅层欲望？有多少反映了精神需求？

我们识别精神或更深层次的需求并将其与软瘾区分开来的能力塑造了我们的生活。如果我们想摆脱软瘾、追求更充实的生活，这可能是我们可以培养的最强大的技能之一。通过识别这些更深层次的需求，我们可以直接满足它们。我们获得的回报是指数级的，因为当我们满足了一种需求，我们就同时满足了很多其他需求。在下一章中，你将对你的生活产生一种愿景。你将在其中满足你的精神需求，实现你的核心决定。你会发现，每个人心里都住着一位梦想家。

第 7 章

构建你的愿景

愿景不仅仅是一幅可能发生的景象；它是对我们更好的自我的呼吁，是对我们成为更好的人的呼吁。

——美国管理学家罗莎贝丝·莫斯·坎特（Rosabeth Moss Kanter）

到目前为止，你可能已经意识到，更充实的生活指的不仅仅是戒掉软瘾。事实上，摆脱软瘾并不是真正的焦点，满足你的精神需求才是。仅仅是摆脱一种物质或行为并不能解决任何问题。摆脱一种软瘾通常只会为另一种软瘾腾出空间。我们内心深处的渴望依然存在，因为它们仍未得到满足。这就是愿景发挥作用的地方。鼓舞人心的是，你的愿景可以帮助你抵御软瘾的诱惑。它能引导和推动你的生活，帮助你丰富人生的内涵。

许多人屈服于软瘾，正是因为心中缺乏愿景。他们会想"这样就够好了"或者"生活不就是这样吗"。他们习惯了一种生活，意识不到自己可以有更高的要求，生活还有更多的可能性。他们失去了动力，所以更容易屈服于软瘾习惯。

你的愿景会告诉你什么对你来说真正重要，你在内心深处最看重什么。它会给你动力，突破软瘾带来的障碍。你更深层次的渴望为你的愿景提供了燃料。想想甘地（Mahatma Gandhi）或马丁·路德·金（Martin Luther King, Jr.）各自的渴望和愿景。甘地渴望联系、正义和团结。这些渴望定义了他的愿景,并带领他跨越巨大的障碍,实现梦想。同样,我们仍在向马丁·路德·金的愿景前进,感动于他对正义、平等和爱的热情追求。

我们在培训中一次又一次看到了愿景的力量。我们的学员希望实现一个目标或解决一个问题,我们通常能够支持他们尽快取得成果。这个过程中比较困难的部分是帮助他们想象一种更有意义、更令人满意的生活,而不是解决一个问题或完成一个目标。然而一旦他们这样做了,他们的生活质量就会得到指数级的改善。他们开始看到是软瘾和偏颇想法阻碍了他们实现愿景。他们有一些对他们而言真正重要的事要努力去做,这值得他们抵抗诱惑,去追求理想。

愿景与核心决定的关系

我们的愿景是核心决定的具象化。没有核心决定,我们就没有动力摆脱软瘾;没有愿景,我们就无法想象摆脱了软瘾的生活是什么样的。事实上,我们总会花更多时间规划和想象我们的软瘾,而不是想象实现我们内心渴望的可能性。我们通常更擅长幻想和满足欲望,而不是想象和满足更深层的需求。愿景会帮助我们培养透过表面看到可能性的能力。

"我曾经认为,男人送我昂贵的礼物,说明我很有价值。"一个爱交际的化妆品销售员苏珊娜告诉我们,"我不好意思承认,吸引男人的注意以及辗转于一段段短暂恋情的状态已经成了我的软瘾。"

> 当一个人注视着石堆,想象出一座大教堂的那一刻,石堆就不再是石堆了。
> ——法国作家安托万·德·圣-埃克苏佩里
> (Antoine de Saint-Exupéry)

在工作中,苏珊娜与女性有很多接触,但她渴望得到男性的关注。在她的幻想中,有最性感的明星陪伴她左右,有王公贵族追求她。她梦想中的浪漫场景伴随着美食、鲜花和来自她最喜欢的设计师品牌的礼物。苏珊娜已经把婚礼的每个细节筹划了好几百次，却从未和谁走到订婚这一步。她肆无忌惮地调情，穿着性感，似乎无法阻止自己向每个男人抛媚眼，而且来者不拒。没有男人在身边，她就感到空虚和无聊。苏珊娜知道自己想要什么，却不知道自己真实的精神需求。

在承认自己的软瘾后，她开始了一段旅程，让她更渴望被看到、被爱。她做出了核心决定："我要做我尊重的那种女人。我会得到爱，能从我的内在资源、能力和精神世界中获得安全感。"她通过这个核心决定确定了自己的愿景："我完全诚实地表达自我。我受到自己和周围世界的认可和欣赏。我强大而独立，能在经济和情感上支撑自己。我尊重自己，对自己很好，别人也对我很好。我和我尊重的人恋爱，他也尊重我。"

苏珊娜开始努力做一个独立的、没有爱情也感觉很自在的女人。这给了她鼓舞。她选择衣服是为了取悦自己、表达自我，而不仅仅是为了吸引男人。她还在依靠自己、为自己而行动的过程中找到了新的力量。苏珊娜不再依赖男性的关注来提升自我感觉，而是开始寻求女性朋友们的支持。苏珊娜的愿景就像灯塔一样彻底改变了她的生活。她仍在积极寻找感情，但约会变成了很有意义的行为。她现在的约会对象更优秀了。苏珊娜不再等着"真命天子"来给她想要的东西，而是依靠自己经济和情感上的独立来获取这些。比起等待一个美好的未来，苏珊娜已经学会享受现在的生活。她如今知道，如果她真的选择结婚，那将不是为了实现一个幻想，而是为了和一个让她可以全心投入、使她拥有充实生活的伴侣在一起。

什么是愿景

有了愿景，你会更清楚地看到该如何创造你一直以来渴望的生活。愿景建立在你的核心决定上，是对未来的一种圆满生活的想象。这是一幅让你的核心决定变为现实的画面。你的核心决定是你生活质量的指路明灯，而愿景能让你在生活的各个方面描绘出这样的具体景象。愿景可能随着你生活中的变化而改变，但它的目标是不变的。

愿景不同于目标。目标有具体的时间、空间或数量可衡量。在下一章，你将学会制定目标来帮助你实现愿景，但愿景是一切的起点。例如，一个与你的身体有关的愿景可能是"我的身体柔软而灵活，我喜欢自己的身体"，那么你的目标可能是"在一个月内手能碰到脚趾"，你的具体行动可能是"参加瑜伽课"。愿景以及那些随之而来的目标和行动为我打开了一个全新的未来。我的婚姻生活也让我有机会持续训练我构建愿景的能力。在我只能看到障碍和限制的地方，鲍勃看到了可能性。他给了我广阔的视野，让我看到自己做从来没有想过的、似乎超出我能力范围的事情的样子。他构建的这种引人注目的愿景给了我一个理由去抵抗我的软瘾，做最好的自己。没有哪种放纵值得我放弃梦想。每一年，鲍勃和我都会对生活的方方面面展开憧憬。我们思考我们的核心决定、精神需求、愿望，为生活的每个领域都开发出一种愿景、一套年度计划。没有空洞的目标，只有实现梦想的步骤。当我想起我的愿景时，我的工作就不再是一种责任了。当我想起我的任务是实现我的一部分愿景时，我就不太可能拖延了。

软瘾经验谈

克莉丝塔：我工作的一家大银行正在经历一次重大合并。过去的一次合并让我坠入地狱——没完没了的会议、令人心烦的琐事以及日常工作之外干不完的活儿。但这次合并让我感到了乐趣。不管是会议、琐事还是额外的工作都没变，但我构建了一种不同的愿景。我决定要让自己开心起来，也为同事们创造乐趣。在这个过程中，唯一的变量就是我。我开始摆脱局限的视角，在更大的范围内探寻工作的意义。我不再只关注细节和我不喜欢做的工作。结果呢？我没有再次陷入自怜和抱怨的情绪中，因为我的愿景是为客户提供最好的体验。我的上司对此感到惊喜，我的下属也过得更愉快了。

....

想实现，先看见

　　愿景指引着我们的生活。不管你是否意识到，你的生活都是围绕着某种积极或消极的愿景形成的。可悲的是，我们的生活常常是消极思维、无意识的信仰体系和低下自尊心的体现。消极的愿景常常导致我们试图麻痹自己的痛苦或屈从于软瘾，以获得虚假的安慰。

　　积极的愿景会帮助我们避免由无意识信念驱动的自我实现预言的循环，从而得到真正的养分和安慰。通常，我们甚至意识不到这种循环的存在。例如，如果我们相信我们无法满足自己的精神需求，那么我们就会以一种无意识的方式来确认和强化这种信念。

　　"你看，我就知道我身上不会发生什么好事。"彼得反复对每个愿意和他聊天的人说。彼得是一名IT项目经理。他潜意识里认为，生活永远在跟他对着干。于是，他生活在恐惧中，总像在等待坏事发生。他会想象对话如何不欢而散，要求如何被拒绝。他反复想象自己陷入灾难性的境地、丢人现眼、没能达到预期结果的样子。他的愿景是消极的，建立在错误的信念上，沉溺于悲观的情绪中。他的头脑更关注问题，而不是制定解决方案。他一感到沮丧和绝望，就会沉迷于看电视到深夜、吃甜食、沉溺于悲观情绪中。他的软瘾助长了他的消极世界观，反之亦然。这种循环使他不能以积极的方式采取行动。

　　在一次应对软瘾的研讨会上，彼得发现了他对自己的存在感和重要性的更深的渴望。他做出了核心决定"成为这个世界上的一个重要人物，相信一切皆有可能"。根据这个决定，他构建起一种积极的愿景。"尽管感到恐惧，我还是会采取行动。我要活得好像别人都会来支持我，我要和他们以积极的方式互

> 当我努力变得强大，用我的力量为我的愿景服务时，我是否感到恐惧就越来越不重要了。
> ——美国民权运动家奥德丽·罗德（Audre Lorde）

动。无论我说什么、做什么，我都要善待自己。我会向他人寻求支持。在我所在的地方，我总是能畅所欲言，提出想法，展开讨论，因为我知道我能有所贡献。"彼得构建了一种旨在满足自己的精神需求而非沉溺于软瘾的愿景。对愿景的定位帮助他改变了行为，挑战了错误的信念系统，并迫使他克服了恐惧。彼得的愿景从消极变为积极，他还运用其他技能来摆脱软瘾。此后，彼得屡次升职，最近还学会与结婚十年的妻子合作进步，夫妻的亲密度也得到了提升。

愿景从何而来，以及如何找到它

我们在莱特研究院的工作的一项关键内容是帮助人们构建能够激励他们工作的强有力的愿景——通常远远超出他们梦想的水平。在与数百名看似没有雄心大志的学员共事的过程中，我发现愿景并不是只有少数人才能拥有的。和我交谈过的人都说他们本来没有愿景，但都试着构建了自己的愿景，并将其变为了现实。我经常受到这样一个事实的鼓舞：当我们倾听自己的内心、摆脱我们的软瘾并遵循我们的核心决定时，我们都能发现，我们每个人的内心都充满令人振奋的、充满爱的梦想。

更多行动

把历史上的梦想家列一份清单。他们有什么共同之处？

"我想减肥。"莎拉一边说一边大步走进我的办公室，有力地与我握手。这名新学员相当引人注目。当我问她为什么想减肥时，她反问："这不是很明显

吗？"莎拉虽然谈不上身材苗条，但很有魅力，打扮入时，穿着也很有创意、充满色彩。我无法理解，为什么她在竞争激烈的广告业取得了货真价实的成功，却要把关注点放在体重上。没有更远大的愿景，她的减肥只是一个空洞的目标。

我问了她几个简单的问题：你希望减肥能带给你什么？你希望对自己的身体有什么感觉？你想如何与你的身体建立联系？你想用你的身体做什么？如果减肥成功，你会有什么感觉？片刻之间，这个威严的女人的举止就发生了变化。她的脸变得柔和起来，眼睛闪闪发光。她对自己身体的愿景非常具有感染力。

她说，她理想中的自己对自己的外表感到完全满意，她的身体让她感到安全，她拥有舞蹈演员那种优雅的身体表现力。这就是她提出的愿景："我充满吸引力，肢体柔韧，一看就在很精心地照顾自己。"通过回答这些问题，并更仔细地观察自己的软瘾，莎拉能够清晰地表达出她更高级的愿景——这种愿景以身体健康和创造力为核心，而不仅仅关注自己瘦不瘦。这一愿景加上由内心指引的核心决定，给了她一个改变行为习惯的理由。她参加了一个舞蹈班，开始享受跳舞，最终不再憎恨自己的身体。当她开始喜爱自己的身体后，她更轻松地减掉了想甩掉的体重，但更重要的是，她实现了她对吸引力和肢体柔韧度的理想。

设计你的生活：构建更充实的愿景

现在你可以考虑构建自己的愿景了。下面你会看到一些用来指导你构建愿景的问题，以及一些应该做和不该做的事。我们的无数学员都经历过这些过程，而他们已经构建出了属于自己的愿景。你要做的是梦想自己想要的生活——在那里，你会受到核心决定的引导，满足自己的精神需求。

做你自己生活的设计师

假设你刚刚来到这个星球，可以重新审视各行各业的各种生活方式并从中选择，以你想要的任何方式来设计你的生活，从零开始。你会选择什么样的活动、感受和经历？你将选择什么价值观来指导你，如何将它们融入生活中？你如果主动设计你的生活，它会是什么样子的？

在大多数情况下，你不会根据你的浅层欲望来设计你的生活。你不会真的计划一周看 19 个小时的电视，不会要求自己每周做 12 个小时的白日梦，也不会坚持认为自己真的需要上网上到眼睛流泪、意识模糊。疯狂购物、过于焦虑和唉声叹气也不会在你的清单上名列前茅。

我们都渴望过上一种遵循我们的最高价值与追求、满足我们精神需求的生活。想想你将如何设计你的理想生活。你会在这种生活中加入什么？你如果愿意，就把想法写下来。在本书的练习册部分做构建愿景的练习时，你会发现它们很有用。

关于愿景，应该做的和不该做的

最有效的愿景是对你而言栩栩如生的那种。选择用现在时来表达会给它最大的力量，因为在你的想象中，你正在做这件事，而不是计划去做。记住，它不是对特定问题或情况的反应。以下注意事项将帮助你构建有效的愿景。

应该做的事	不该做的事
满足你的精神需求	只满足你的浅层欲望
有主动的愿景	只满足于随遇而安的愿景
满足你灵魂的渴望	只迎合你的自我
用现在时描述你的愿景	用将来时描述你的愿景
以愿景加深你的生活体验	用幻想逃避现实生活
想象你的核心决定如何起作用	想象你的软瘾如何起作用
激励自己	麻痹自己
想象你的感受，展望你的生活	满足于模糊的向往
追求更充实的生活	追求更充足的物质

（续表）

应该做的事	不该做的事
确定你要取悦的是你自己	取悦别人
措辞积极肯定	在你的愿景中使用表否定的词语
想象更充实的生活	限制自己的可能性
每天朝愿景努力	等着未来愿景自动实现

软瘾经验谈

瑞秋：拖延症是我的软瘾。当老板让我整理一小块存储区时，我开始紧张。他给了我完成任务的明确时间，但我发现我一直在做别的。最后，我想起我对这片区域的愿景。在我的想象中，这里整洁漂亮，摆放着我之后会用到的物品。我想象自己想要什么都能迅速拿到，因为我知道它们都在哪里。我每次注意到自己的拖延症又犯了，就会停下来，闭上眼睛，再次想象自己对这个任务的愿景。我最终在最后期限前完成了这个项目，还做得很棒。

愿景的构成

构建愿景并不像你想象中那么困难，也不会花那么长的时间。事实上，在软瘾应对方案训练中，我只给学员两分钟时间来设想他们生活中各领域的理想状态，他们在这么短的时间内就构建起了美好的、鼓舞人心的愿景。记住，重点并不是让你的愿景变得完美。想象理想中生活这种行为本身就会为你服务，所以不用过分强调它。愿景就在你心中，只需要被激发。

一种真正自洽的愿景是覆盖你生活所有方面的。想象你做了核心决定，实现了你的精神需求，创造了更美好的生活。你可以对自己的生活有全面的设想，也可以从设计具体方面开始。鲍勃·莱特的"人类成长和发展的综合模型"可能会对你有所帮助，如下文所示。你不需要为你生活的每个方面都构建一种愿景，只需要挑出你现在认为最重要的方面，或者你最渴望改变的地方。在后面的练习部分，你会找到帮助你真正地完善自己愿景的表格，但在此阶段，先让自己展开自由想象。你会怎么做？你想要什么？想象一下你的经历。

"人类成长和发展的综合模型"提出的问题可以帮助你思考。

我的核心决定：你的核心决定是什么？你如果还没有核心决定，可以先尝试确定一个。

我的精神需求：你的精神需求是什么，更深的渴望是什么？让它们激发你的愿景。如果你的目标是满足精神需求，你会如何生活？

我的身体：想想你和你身体的关系。你是否渴望接触，渴望感受到自己的存在，渴望和他人联系？你理想中自己与身体的关系是什么样的？你现在对自己的身体感觉如何？你希望有什么不同？你想怎样通过身体来体验生活，去触摸和被触摸，去疗愈、安慰或爱别人？我们大多数人对我们与身体之间的潜在关系持有狭隘的概念，被表面导向的媒体所定义。想象你和你的身体发展出了一种健康的关系。你的身体得以真正伸展，深呼吸，获得丰富的感觉与充满活力的体验。

我的自我：你想如何看待自己？你还想满足哪些更深层次的渴望？是感受自己的存在还是学习、成长和发展？你对自我发展和自尊的看法是什么？想象一下，如果你的感觉和情感更容易得到满足，那会是什么样子。想象一下你和自己的关系令人满意、相互尊重、充满爱意的情况。考虑一下自省、同理心和支持自己获得幸福的可能性，将其纳入你的愿景。

我的家庭：你心目中与原生家庭以及你自己组建的家庭的关系是什么样的？你希望满足什么样的渴望——被肯定、建立联系还是被倾听？你的家庭会有哪些特点？你想收获更多的联系、支持、坦率和真诚吗？你希望拥有的是相互依存、相互接纳的状态，还是只是为了开心？你构想的理想家庭状态是怎样的？

我与他人：你渴望与他人沟通是为了什么——被肯定、被尊重、与他人联系、找到归属？在与朋友、同事、熟人、邻居的关系中，你渴望得到什么？你和这些人的关系如何？你未来会做哪些你现在没有做的事？

我的工作和娱乐：你在工作中渴望做些什么——表达自己、被看到和重视、发挥自己的才能、有所作为？你在娱乐时间渴望什么？想象一下能让你恢复精神的娱乐活动。想象一下，你如何在工作日做到劳逸结合，以及这方面的愿景会如何影响你的生活。

我的社会：在你与社会的关系中，你渴望怎样的结果——成为更大的社会的一部分、做出改变、做出贡献、对你的社区产生影响？对你来说什么是重要的？你如何将你的原则和价值观融入你的公共生活？你的日子会有什么不同？

我的精神：在精神领域里，你渴望什么——感觉与比自己更伟大的事物相连、感觉自己是某个整体的一部分？对精神方面的满意度提升后，你会有什么感觉？你会在日常生活中做些什么改变？你的精神世界渗透到你生活的方方面面后会怎样？你生活的不同领域如何协调配合，带给你精神上的满足？

其他方面：在你的生活中还有没有其他方面是这些内容没有涵盖的？在这些方面，你也要想象自己获得满足感的状态是怎样的。

注意事项

构建愿景的过程中你可能会遇到的潜在障碍：
- 不敢面对某些令你尴尬的精神需求

- 只听从大脑而不是内心
- 把模糊的愿望当成愿景，如"我想得到幸福"
- 混淆了可实现的愿景和用来逃避现实的幻想
- 恐惧改变

愿景的例子

以下是我们的学员对生活各个方面的愿景的例子。希望它们能给你一些灵感。

我的身体：我的身体不疼，我感觉很好。我动作优雅，身体强壮。我既有肌肉，又有女性曲线。我充满爱地护理我的身体并享受它带来的感觉。

我的自我：我感到自信，我尊重自己。我以积极的方式思考，这有助于我在人际关系和工作中取得成功。我鼓励自己，不让内疚或羞愧阻碍我前进。我在不断学习，不断成长，不断锻炼爱自己和爱他人的能力。

我的家庭：我的家庭给我力量，是安慰和支持的源泉。我们珍视真实与真诚。我鼓励家人，支持他们做到最好，他们对我也是一样的。我们坦诚地面对冲突，因为我们珍惜彼此的经历。

我与他人：我依靠我的朋友，他们也可以依靠我。我们说真话，分享我们的感受，对彼此有很多期望。我们的生活是相互支持和加油的冒险，因为我们会鼓励彼此达到各自的最高境界。

我的工作：我在我的领域是领导者，是一名优秀的经理和销售专家。我在工作中不断学习、成长和提高，也支持身边的人成长并做到最好。我创造价值，提供服务，也为自己管理的员工的能干而感到自豪。

我的社会：我把我的时间、精力和特长献给对我重要的人和事业。我为我的社区带去了真诚、活力、参与度和高水平服务。我爱护地球，珍视环境。

我的精神：我是一个有丰富精神世界的人，每天都专注于此，努力充实着它。在我的信仰和朋友的支持下，即使在困难时期，我也会走一条崇尚真理和爱的道路。

总体愿景：生活是学习和成长的伟大冒险。我过得很充实。我非常关心我周围的世界。无论做什么，我都是一个"纯粹的给予者"。

年轻的网络营销专家伊万在职业生涯和生活的大部分时间都感到孤独，于是做出了核心决定——"去爱和被爱"。虽然这一决定从未动摇，但当他将其运用到生活中的不同情况中时，他的愿景也随之改变和完善了。他这样描述自己的愿景："我是一个有爱心的人。我通过行动来表达我对他人的关心。我要让生命中对我重要的人知道他们对我很重要。我通过公平对待他人、信任他人、帮助他人做到最好来表达我的关心，他人也会对我做同样的事。"伊万对自己愿景的描述随着时间的推移而演变，但其本质始终如一。记住自己的愿景帮助他摆脱了对孤僻的软瘾，让他冒险与同事展开接触，指导一名新员工，以及邀请一位他以前从未搭过话的迷人的、充满活力的女性约会。伊万发现，通过不断回顾自己的愿景，他能够逐渐靠近它，靠近他一直想过的生活——一种充实和亲密的生活。

愿景是非常强大的，是在核心决定的作用下形成的。你的核心决定和愿景的结合给了你一个摆脱软瘾的理由。你有一幅更大的蓝图和更强的理由去创造一种没有软瘾的生活。愿景是有力量的，它的实现将真正改变你的生活。

> 自信地朝着你梦想的方向前进，去过你想象中的生活吧。
> ——亨利·大卫·梭罗

在这本书的练习部分，你会发现把你的愿景变成日常行动所必需的工具，在下一章中，有一套简单好用的概念会帮助你。

第 8 章

通过加减法来实现愿景

摒弃侮辱你灵魂的事物，你的肉体将成为一首伟大的诗。

——美国诗人沃尔特·惠特曼（Walt Whitman）

以你的愿景为指导，一个看似简单的公式将帮助你摆脱软瘾的束缚：增加那些有助于你实现愿景的事物，减去那些会让你远离愿景的事物。

在这个公式中，加实际上是减，减实际上是加。给你的生活增添真正的营养，自然会帮助你摆脱软瘾，把它们从生活中赶走。而当你减去了你的软瘾，你就会自动获得更多的时间、资源和精力去追求你想要的生活。

你要学会为你的生活增添内容，而不是用物质填满它。

我的发现

我一直认为摆脱坏习惯的方法就是立刻放弃那种习惯，借助意志力咬紧牙关熬过去，但放弃当时生命中我似乎唯一期待的东西的行为从来没能让我感到兴奋。我有一种失落感，这也是我最初开始吃东西、购物、看电视和沉溺于其他软瘾的理由。尽管我觉得自己失去了控制，也不为沉溺于这些习惯而感到自豪，但我也不确定自己是否想要摆脱它们。如果没有晚上的电视，没有零食，没有商场，我该怎么办呢？即使我凭借自己强大的意志力最终成功减肥，最大的回报又是什么呢？我很瘦，但仍然感到不快乐，对食物痴迷，不停地想我要吃什么、什么时候吃、和谁一起吃、吃多少、多久吃一次，还要阅读食谱，好像它就是我幸福的答案似的。

在做出核心决定后，我发现了一个事实：当我去做一些让我的生活更充实的事情时，我的软瘾渐渐消失了。它们变得不再那么有吸引力了。我的核心决定是"保持清醒，充满活力，感受自己的感受"，于是我就去寻找能让我有这种感觉的活动、人物和娱乐项目。开始阅读更好的文学作品后，我发现我不再怀念以前从头到尾读到走神的报纸了。在一个漫长的工作日结束后，我不会去看电视或喝酒，而是躺在星光下的浴缸里，或是和鲍勃谈论我们当天各自过得如何，或是去看一场电影，或是在树林里骑山地车，或是在夕阳下散步，或是抱着一本好书看。这些活动我能列出很多，而我越是专心添加符合我的核心决定要求的活动，列表就越长。

我发现了让生命更充实的方法。通过在生活中加入一些真正有意义的活动，我的软瘾自然而然地减少了。我以前一直做错了。我在感觉失落的时候，要做的并不是从生活中去掉一些习惯，而是增加一些东西，这样我不仅不会觉得更失落，反而会感受到活力、养分与成就感。

我无法告诉你这种方法给我的生活带来了什么变化。现在，当我想沉溺于软瘾时，我会用我所学的技能问自己：为什么？为什么是现在？现在我有什么感觉？我到底渴望什么？我在生活中加入更多积极活动的能力也提高了。如果我真的沉溺于软瘾之中，我可以充满同情心地看待自己的行为，把它视为标志着我确实需要更多东西的信号。我的软瘾只是在提醒我，我的渴望尚未得到满足，我需要在生活中添加一些有意义的活动来满足那些更深层次的需求。

我将在这一章里与你分享我和其他人在生活中如何运用这种加减法，以及你如何为自己量身定制这样的公式。我希望你也会受到鼓舞，为你的生活添加更多内涵，并看到减掉软瘾有多么容易。在减掉软瘾后，看看你有了多大的收获吧。

掌握加减法

对生命内涵的加减法能让我们的梦想成真。你将使用这套方法来生成你自己的公式，制订一个行动计划来实现你的愿景。和我一样，大多数人在有坏习惯时，都认为应该用意志力来摆脱它。想想那些减肥后又反弹的人，或者那些用一种嗜好（如暴饮暴食）代替另一种嗜好（如吸烟）的人。仅仅是摆脱软瘾并不能带来有意义、更充实的生活，但解决你更深层次的渴望可以。这种加减法可以帮助你明确为了满足这些渴望，你应该在生活中加上什么。当你把这些内容加入你的生活时，你就不太可能用一种软瘾来取代另一种了。

> 枯叶落地的原因之一是萌生的新芽把它推下了枝干。
> ——美国小说家简·卡伦
> （Jan Karon）

学会加法

虽然你可能需要抑制或摆脱一些软瘾，但在这个公式中，更重要的是给你的生活添加有意义的活动。当阅读、社交或与朋友聚会的时间增加后，你看电视的时间就会减少。如果你经常在工作中闲聊，谈谈自己而不是别人会把你的注意力转移到更有意义的地方。在本章后半部分，你将找到更多这样的例子。

学会减法

我们发现，减法会给你的生活增添很多东西。它意味着降低投入软瘾习惯的时间、金钱、资源和精力所占的比重，并不一定意味着完全或立即摆脱某物。你不需要把某种活动减

> 我只是用生气的力气去写了些蓝调。
> ——美国爵士乐作曲家艾灵顿公爵
> （Duke Ellington）

到零。随着时间的推移，仅仅是降低行为的频率、持续时间或强度就可以产生指数级的结果。

加法公式

加法的公式很简单：

$$生活 + 精神养分 - 软瘾 = 充实$$

通过思考公式中的每个元素，你在这本书中学习的技能将教会你运用它。

为更充实的生活做加法

你不必从零开始去创造你梦想中的生活。在本章中，你会学到一些你可以做加减的对象：自我照顾和有意义的活动、个人力量和自我表达，以及生活目的和精神世界。在阅读的时候，想想你希望为你的生活添加什么。在莱特研究院开设充实生活课程的那一年，学员们会使用一种"分配方法"来做加法。他们在生活中加入不同的生活方式和活动，以更全面地接纳和尊重自己，而不仅仅是将自己训练成某种人。加法是一种改变你生活方式的强大武器。

本章的概念和加减法可以为你提供灵感，但并不是万灵药。你应该发现什么对你有效，更能实现你的愿景。这不是要你遵循规定，而是要你听从自己的内心。在发现许多关爱、发展和发现自我的方法后，尽情展望你生活的多种可能——它们是实现美好生活的要素。

养分和自我关爱的加法

养分和自我关爱是一切旅程的基础，就像一个登山者在开始远足前需要食物和休息，你也需要给你的灵魂提供足够的营养，以支持这段寻找充实人生的旅程。自我关爱指一切维持或滋养你的身体、灵魂、思想和精神，有助于创造有意义、充实生活的行动。它是根本。首先要意识到自己的感受、需求和渴望。这也意味着打破你对自我关爱的所有误解，并与你的情绪建立一种更好的关系。这种关系可以有很多表现，比如保持环境整洁，多拥抱别人，遵从内心，跳舞，好好理财，做好日常规划，表达你的感情，激发你的智力。我们常常把软瘾和自我关爱混为一谈。真正的自我关爱会满足我们的精神需求而非浅层欲望。有意识的休息与令人沉溺的软瘾有很大不同。摩根的故事说明了这一点。

作为一名努力工作的财务主管，为了给人留下好印象，摩根的穿着总是无可挑剔，一丝不苟。为了事业成功，她经常在办公室工作到深夜。她长时间工作，甚至连空闲时间也在工作，就是为了不落后。她在与人交流时总是很直接，言简意赅地催促别人直奔主题。她只在意如何取得成功，而没有意识到她实际上是在逃避对失败的深深恐惧。她的父亲经历过大起大落，不止一次宣告破产，于是她很早就发誓自己绝不会步他的后尘。她不仅在经济上要有保障，还要达到富裕水平。好不容易抽出时间去参观艺术馆（她很喜欢艺术馆），她也感到内疚和焦虑，就像偷懒了一样。

从表面上看，一切都在她的掌控之中。她把自己的财务和房产打理得井井有条，还定期安排做头发、面部护理和按摩，但她的内心是空虚的。她把自己当作一辆需要定期保养的汽车，而不是一个值得自我关爱的女人。

摩根来到莱特研究院的目的是在生活中发展出更亲密的关系。认真思考后，她发现自己对爱和被爱有一种更强烈的渴望，然而她正在利用工作狂的软瘾让自己远离他人，也让自己远离真实的自我。接受课程和其他学员的支持后，摩根做出了核心决定——"我爱我自己，把自己当作上天赋予这个星球的一份独特的礼物，以自然的节奏进行付出和接受"。当她学会把自己当作一个有价值的、特别的人来对待时，她便可以把自己的能力运用到真正的自我关爱中去。

她开始适应自己的真实感受，而不是用疯狂工作将它们打发走。每个工作日，她都会安排两次休息时间，散步或打电话和朋友聊聊天。她带饭去公园吃，而不是坐在办公桌前解决。周五晚上，她更有可能去参加城里一家画廊的开幕典礼，而不是赶去办公室加班。令人惊讶的是，她的工作效率提高了，她发现自己有了更多精力和创意可以投入工作。她开始享受她的空闲时间，并利用这些时间来恢复精力。她给了自己的生活更多养分，享受到一种平静的感觉。

以下是帮助你提高自我关爱能力的方法。思考一下如何建立自我关爱的习惯，以提高你自我培养的能力。

养分与定期维护

你可能不像摩根那样自律，可能需要设置定期的自我关爱活动，比如锻炼、按摩或与伴侣享受二人世界。确定频率，以一年为期进行安排，并把它们写在你的日历上。之后也不要随便取消这些事项，除非你重新给它们安排了时间。用日常习惯来支持你的身体、财务和情感方面的健康——从锻炼、健康饮食到做好消费计划和度假。

摩根需要体验有养分的活动，而不是浑浑噩噩地走流程。你也可以在日常生活中寻找这种养分，无论是醒来时有意识的拉伸，早上洗脸时按揉面部，或者是用按摩而非拍打的方式抹身体乳。让你每天的沐浴成为一段专门用来享受的时间。白天则用有意识的呼吸、伸展运动或打电话给朋友来滋养自己。在公园的长椅上而不是办公桌前吃午餐，让你的身体和灵魂都能获得营养。读一些鼓舞人心的文字，写日记，在最喜欢的树下吃午饭，写一首诗，在公园里散步，冥想，小睡十分钟，或者去博物馆参观。晚上从容地盖好被子，而不是一头扑倒在床上。

有意识地选择自我关爱不代表放纵，这一点很重要。这种行动支撑着你实现愿景。结束一天的工作时，你会感到精力充沛，而不是筋疲力尽。这为我们更充实的生活打下了基础。

软瘾经验谈

辛迪： 当我的私人教练建议我在生活中添加一些更有意义的活动时，我不知道该从何开始。她给了我一个很棒的建议，后来我每天都在用。具体做法就是，把我能想到的一切能让我重新焕发活力的行动——拍自然主题的照片、给朋友打电话、读一本好书——写在一张张小纸条上，塞进罐子里。现在，每次最小的孩子去睡午觉后，或者只是为了好玩，我都会从这个"自我关爱罐"里抽一张纸条出来，按照上面说的去做。这种感觉很棒，它促使我不断思考还能加上什么。这些意义非凡又容易获得的东西让我更容易抵抗打开电视或上网购物的诱惑——这些都是我以前最喜欢的消遣。如果某个时刻软瘾对我的吸引力特别大，那说明我从罐子里抽纸条的频率还不够高。

接受情绪的能力

在自我关爱中，情绪扮演着最重要但也最容易被忽视的角色。莱特研究院有一整套针对情绪的课程的事实经常让人感到惊讶。我们会一步一步地教人们打破他们对自己情绪的看法，学会识别并全面、负责地表达它们。我们之所以开发这门课程，是因为通过多年来与学员的合作，我们发现情绪是创造更充实人生的最重要的基石之一。

注意事项

软瘾最大的害处和我们为其付出的代价是感受的麻木。没有了感受，我们将永远无法了解我们的全部力量、本性和目的，永远不会过上我们理想中的生活。

从本质上说，软瘾标志着对感受的排斥。我们大多数人在成长过程中接受的教育都没有鼓励我们尊重或接受自己的全部感受和情绪，所以我们很容易转向软瘾去麻痹"不该有"的感受和情绪。一个简单而有力的法则是，你越关注自己的感受，就越少沉溺于软瘾。无论你的愿景是什么，有意识、负责任地表达你的感受会帮助你实现它。你的情绪传达了大量关于你的担忧和渴望的信息。你如果学会与自己和自己的感受相处，就学会了汲取内心智慧的方法。你对伤害的觉察会帮你获得安慰；你的愤怒会带来更大的动力；你所有的情绪都会带来更强的满足感。请允许自己去感受情绪。

珍妮是一家大型制造企业的主管，事业成功。35岁时，她就有了一份不错的薪水，且升职在望。珍妮认为这在很大程度上该归功于自己男性化的处世之道。她认为，这种方式的中心就是保持强硬，不让情绪妨碍工作。这是一个伟大的策略，但对她而言没有效果。她花了很多时间压抑或忽视自己的感受。到了晚上，她会用吃零食或上网的软瘾来压抑自己的情绪，最终使其累积起来，在意想不到的时候爆发。在一些特别紧张的会议结束后，回到办公桌前的她会突然热泪盈眶。作为一名完美的专业人士，她会迅速走到洗手间，把自己锁在一个隔间里。确定周围没有人后，她会尽可能小声地哭，直到把眼泪流光为止。然后她会冲到水池边洗掉眼泪，不让别人知道她在工作中有情绪积压。

在接受培训后，珍妮和情绪的关系完全改变了。她有了一个革命性的发现：情绪不仅是好的，而且是自我关爱的重要组成部分。当她开始允许自己表达感受时，她最担心的是过多情绪会影响工作。但令她吃惊的是，她发现定期表达情绪的能力越强，它们就越不会突然袭来。不仅如此，她还发现，当她学会注意自己的感受并判断它们的情况时，她成了一名更好的管理者和领导者。她对自己的身份有了更坚定的认识，能够更有效地应对挑战。她的感受并不是累赘，而是一种恩赐，不仅对她的事业，对她的生活也是如此。

> **更多行动**

给自己增加体验和感受当下的空间。停下手头的事情。就现在。深呼吸。拉伸。闭上你的眼睛。此时此刻,花点儿时间和自己独处。你会发现,无论你给自己增加的是十分钟还是几个小时的安静时间,你都将学会欣赏内心的空间,用精神而不是物质来填补空虚。

个人力量和自我表达的加法

自我关爱是最基本的加法,而增强自我表达和个人力量是更高级的加法,能让我们对自己的公式进行积极的补充。有了情绪养分为基础,我们就能更好地学习如何利用我们内在的个人力量了。发展和表达自我意味着我们尊重和表达我们的感受,坚持我们的意志,发展和分享我们的天赋和才能,实践积极的生活方式。我们发挥自己最大的潜能,记住自己最真实的本质,并同他人一起、向他人、为了他人将其表达出来,这样才能创造意义。

凯尔是一个缺乏幽默感的兼职作家。他看起来保守、淡泊,把全部创造力和表现力都留到了写作中。见到他本人时,你永远猜不到他从事的竟然是创造性的职业。尽管作品很成功,凯尔却觉得自己在浪费生命,于是做出了核心决定——"我无论做什么都要有所学习和成长,越来越多地向世界展现我自己"。凯尔开始向他人敞开自己,开始以健康的方式接纳自己的各个方面,并开始展现出狡黠、善于讽刺的幽默感。这个衣冠楚楚、仪态端正的人开起玩笑很容易让人放下戒心。曾经,展示幽默是一种亲密的行为,而现在,它让人感到精神一振和自由自在。他不再沉溺于情绪软瘾,而是更注重积极的表达方式。"我曾经没有意识到我变得多么严肃,和周围人的关系变得生疏。通过发掘我的幽默感,我觉得我重新发现了自己。"他告诉我们。

凯尔的艺术水平已经在他的写作中得到了表达,但他又开始了其他形式的创造性表达。他报名参加了一个版画班,像大学时那样写日记和诗歌。他甚至在当地一家咖啡馆的"诗歌之夜"朗读了自己写的一首诗。在工作中,他依然自信,但能与人进行更深入的接触。他的组织能力开始给其他人带去积极的影响。他甚至开始在电子邮件里写诗,并就工作中的问题与上司开玩笑。凯尔的上司告诉他,自己很希望能了解他,并请他主持一个提高生活质量的小组。凯尔不仅提高了自己的生活质量,还将帮助其他人做到这一点。

争取的勇气

我们中的许多人在坚持自己的意志方面没有受过良好的训练。我们要么完全无视自己的欲望,要么不负责任地争权夺利。而我们中的许多人在避免风险这方面受到的训练却很多,于是我们不告诉别人我们想要什么、关心什么或者不去表达我们需要什么。最后,我们转向软瘾,将其作为一种逃避方式。通过掌握坚持自我的方法,我们不仅能更容易地处理冲突和挑战,而且也更有可能得偿所愿,并最终对我们的世界产生更积极的影响。坚持自我有很多种表现,从学会表达自己想要什么,到在冲突中负起责任。先确认你想要什么,然后向同事、家人甚至陌生人表达。随着表达能力的增强,你甚至可以提出一些大胆的要求,并可能惊讶地发现你收获了多少。你也可以通过说"不"来练习坚持自我。也许有人会要求你为他们做一些你确实不想做的事情,虽然你认为只有答应才算友好的回答,但在这种情况下你会试着拒绝。最终,你可以继续培养参与冲突甚至负责任地辩论的技能。在这个世界上,你越是坚持自我,追求自己想要的事物,就越不容易无意识地沉迷于软瘾,被浅层欲望所麻痹。

....

软瘾经验谈

艾德丽安: 我参加了为期一年的个人发展课程。课程结束时,我们要为朋友和家人举办一场特别的毕业晚会。我们想在会上演唱一首对我们来说意义重大的歌，但由于这首歌音域多变而我们歌唱水平不够，可能达不到想要的效果。于是我冒了一个险，问我在教会认识的一位女士，她是否愿意帮我们录制这首歌，这样我们就可以在毕业晚会上播放音频了。她的回答让我震惊——"我可以来参加你们的毕业典礼，亲自唱这首歌呀！"她有力的声音响彻整个房间，为我们的晚会画上了完美的句号。我含泪站在那里，不仅是为了这首歌，也是为了我自己培养出的这种敢想敢说的新能力。这种能力不仅给我自己，也给整个毕业晚会送上了一份礼物。

································

对才能的发展和分享

我们都有未开发的天赋、才能和技能。当我们培养和发展这些特长时，我们的愿景就会更接近现实。无论你对自己的未来有什么美好的想象，它都来自这些真实的才能，而非虚假的软瘾。无论你的才能发展到何种程度，无论是初学者还是高手，你都可以用它们造福你周围的人。例如，你不需要达到在音乐会上弹钢琴的水平，也可以弹给朋友、养老院的老人们或自己听。也许你是一个很好的倾听者，能打一场精彩的网球，能烤出美味的巧克力曲奇，或者可以给任何一辆车换机油。也许你特别会写信，会挂照片，是个电脑奇才，或擅长房屋清洁。尊重你的才能，慷慨地用它们影响其他人，而不用在意它们是否足够伟大。

创造性表达、幽默和积极生活方式

软瘾通常是被动的：你在对一种不舒服的感受或一件激起你没有意识到的感受的事做出反应。相反，创造性的自我表达是主动的：你会主动地表达一些内容。

创造力不仅仅来自艺术家、音乐家和手工艺人。每个人都可以用各种表达方式进行创作。对话、工作、唱歌、装饰、做一道美味晚餐以及表达观点这些行为都可以成为创造力的载体。任何能创造新事物并表达内心渴望的事物都是创造性的。你创造与表达的越多，就越有活力，也就越不会去麻痹自己。

软瘾经验谈

汉娜：我的软瘾是通过我的孩子来感受生活。所以我决定不止要带他们去上小提琴课，我自己也去学小提琴。我从来没有上过任何创意方面的课程，尤其是音乐课。课上，我不仅学到了东西，还和女儿们共同面对了学习新技能过程中的挑战，享受了随之而来的胜利。

如果你能从自己的行为中发现幽默，你就能以更客观、更具同理心的视角看待自己。幽默会减轻你的完美主义，让你更有动力去创造和冒险。保持对自己的幽默感可以帮你无畏地审视自己的软瘾，承认你做过的一些疯狂的事。你可以嘲笑自己花几个小时在报纸上寻找折扣最大的慢跑鞋，或者在和别人说话时走神。增加一些幽默感可以帮助你感受到真正的快乐，用自然的方式"兴奋"起来，这样你就不会依靠软瘾来人为制造兴奋感了。更多的自我意识意味着更强的创造力、自发性和流动性——所有这些都会帮助你体验到更多的自然愉悦。

更多行动

和你的朋友举办一场"怪咖聚会"，分享彼此最愚蠢的经历。

亲密感的加法

在生活中增加亲密感能以一种软瘾永远无法实现的方式给我们提供养分。在个人生活中和职场上建立深厚、持久关系的能力可以带给我们更强的满足感、意义和更多成功。在此基础上，我们更愿意与我们生命中重要的人变得更亲近。学会亲密意味着我们愿意承认我们对自己和这个世界的错误观念。这通常意味着我们需要追溯到童年时代，寻找这些信念是在何处形成的，就像我们对软瘾原因的探究一样。当我们越来越清晰地认识到我们的家庭因素及其培养出的错误观念，我们就可以开始以自己的规则生活。这是一种摆脱束缚的体验，让我们能够与生活中重要的人以及异性建立更真诚、更充实的关系。

我在莱特研究院教授一门关于亲密和家庭观念的课程。我发现，这是创造我们理想生活的基础。从现在开始，注意你和别人的关系是否亲密。你愿意和谁打交道？你会避开谁？你越接近生活中的人，与其发展更深入的关系，就越能满足自己的精神需求，软瘾对你的吸引力也就越低。

人生目标和精神世界的加法

自我表达在创造性活动中找到出口，而人生目标和精神世界会渗透进我们的生活并指导我们的行为。这是种有意识的活动，意味着我们要确定我们的人生目标，培养美、爱、活力、意识、感恩和同理心。在你带着目标和精神追求开始的旅程中，做出核心决定是强有力的一步。你的目标决定了你是谁，你的核心决定教会了你每天如何带着目标和精神追求生活。核心决定的美妙之处在于，你不需要确定具体的目标就能实现它。

因此，人们一旦认定自己的精神世界需要充实，常常倾向于去教堂、冥想、祈祷甚至步上朝圣之路以寻找精神和人生目标。然而不可避免的是，他们错过了享受生命中每一刻的机会。因此，如果他们没能获得更多的养分、力量和亲密感，那么他们注定会失望。当你开始充实生活时，你会发现你获得了更大的意义、目的和精神能量。与此同时，你越能为你已经开始从事的行动赋予意义和目的，你的软瘾就越缺乏吸引力。

谁会想到一个勤奋的销售主管会在一次商务会议上体验到与旁人奇妙的联结感呢？但这正是发生在迈克身上的事。他在演讲到一半时环顾四周，突然意识到在场的每个人都希望他过得好。他感到心房开启，感到自己深深地关心每个人。他意识到自己不是仅仅在展示一个销售策略，更是在帮助自己和在场的每一个人完善精神世界。就好像所有的人都聚集在一起，意在实现一个远远超出演讲本身的更高的目标。

看似异想天开的是，迈克开始对自己拓展客户群体这种行为的本质做出改变。"我开始意识到，比起取得事业上的成就，我的生活还应该有更宏大的目标。拨打销售电话不仅仅是卖货这么简单，我有机会接触到很多人，被很多人所触动。"在明确的目标和精神的指引下，迈克开始摆脱自己被动的习惯和与人保持距离的软瘾，在与客户或销售实习生的每一次接触中，都寻求增加一些鼓舞人心的内容。

每当听说有人患病、挣扎或受苦时，他便会不由自主地为他们祈祷。他觉得自己的精神生活在不断深化，与同事的对话变得越来越有感情，也越来越有意义。他对每个人的精神生活都非常好奇。通过询问别人是如何充实精神世界的，他觉得自己也在丰富和拓展自己的精神世界。直到有一天，他的秘书问他，是什么让他变得如此关心和注意他周围的人，他才发现自己已经成为一个极具同理心的人了。迈克发现，在生活的刺激和挑战的推动下，他所做的每一件事都在以各种方式帮助他发挥最大的潜能。

清醒、活力和精神养分

清醒的加法可以让我们活在当下，更容易满足，享受每一刻的生活体验。

在精神养分的支持下，意识的提升让我们走出迷雾，充分感受到生活的滋味。

这个过程可以很简单，比如，你可以提醒自己集中注意力，读一本关于存在的力量的书，或者参加舞蹈、瑜伽或冥想课程。精神上的养分能提升和维持我们的意识和活力，就像新长出的叶片把旧叶片（软瘾相关行为）推下枝条一样。

精神上的养分不需要你花多少时间——你可以拥抱你的朋友，用舌头捕捉一片雪花，表达你的感受，在公园散步，冥想或凝视所爱之人的眼睛尽情诉说爱意。真正的精神加法远不止传统的宗教信仰，而存在于日常生活的处处细节中。

软瘾经验谈

凯西：如果我没有开始关注自己的软瘾，我想我无法履行作为一个父亲的大部分责任。我还是会读报纸、喝咖啡，但现在我这样做的时候更具洞察力、自觉和目的性了。我的核心决定是"投入地活在当下"，这让我意识到人与人之间的接触和投入的相处对我来说更重要。我的女儿现在更了解我了，因为我和她相处得很好，我们还聊了很多。我想这对我来说最重要。我女儿对我的了解程度，是当年我没能对自己的父亲实现的。

美好和激励

为你的生活增添美好与激励，可以滋养你的精神世界。美是一种感动人心的力量，会让你对自己感觉更好。早餐桌上的一朵花、办公桌上爱人的照片或者一个漂亮的屏幕保护程序都会让你精神振奋。整洁有序本身就具有一种强大的美。创造干净、整洁的空间和秩序可以帮助你放松精神。各种形式的美打开了一扇强有力的大门，灵感和创造力可以通过它进入你的灵魂。

激励可以来自任何触动你心灵、引起你灵魂共振的事物，如诗歌、音乐、勇敢的故事或爱的音符。随时准备一些鼓舞人心的东西，这样你就可以在过渡时期（比如工作日快结束时）或被软瘾诱惑时立即获取它。

激励你的事物可以是简单、便携的——包里的一本小册子、一张令人振奋的 CD 或者钱包里的一段摘抄或一张照片。我有一个专用的小包，里面装着对我而言各种形式的珍宝：一本振奋人心的书籍、一支蜡烛、一个皮面日记本、一支钢笔、一瓶玫瑰水喷雾，甚至还有一本笑话集。另外，我每次出门时行李箱中都带着我的便携式"祭坛"——一块可以铺在任何表面上的很轻的布料——还有几支蜡烛、一些有意义的物件以及我的 iPod。无论我去哪里，我都随身携带美丽的环境，以激发灵感。

对精神需求的满足

就像摆满了食材供你选用的超市一样，下面的清单是一个可以满足你精神需求的仓库。莱特研究院的学员将这些活动当作生活中的任务来执行。他们挑战错误观念，探索新的可能性，并学习新的行为。你可以根据自己的情况对这些任务做些调整，并添加一些新的活动，以满足你更深层次的精神需求。这样一来，你就有了一个属于自己的列表，可以创建充实生活的专属公式。

精神需求	任务
有存在感	在感到被忽视时要大声表达出来，直到感受到被承认 设计一个迎接新一天的仪式
被看见	展示和表达自己 做一些大胆的事 练习表达自己的喜好 穿着能反映你性格的服装
被听见	在会议上大胆发言 清楚地陈述意见 不惧争论，提出异议 敢于在公共场合唱歌

（续表）

精神需求	任务
被肯定	和相信你的人在一起
	征求朋友的反馈意见
	通过做一件好事或热情地问候别人，每天获得5次积极的关注
被触摸	做按摩或面部护理
	和人拥抱
	做冥想，让身体各部位紧绷后放松
	让爱人抱着你，甚至像摇婴儿一样摇晃你
	撸猫或狗
被爱	在和他人的互动中寻找被爱与关心的证据
	写一本"友善举动日记"
	意识到并记录下他人关心你的举动
	和理解、欣赏你的人相处
去爱	随意地做一些体现对他人的爱和关心的事
	给你爱的人写情书
	帮助别人实现梦想
	无论到哪里都表现出友好态度
去表达	感受并分享你的情绪
	在舞蹈、艺术、写作、问题解决或手工方面发挥你的创造力
	每天学习和成长
	与他人分享你的观点
	就一个问题进行辩论
被了解，与他人建立联系，变得重要	分享自己的经历
	不对配偶保守秘密
	加入一个重视真理和诚实的团体
	寻求反馈
	积极发展友谊
	为他人的梦想赋能——相信他们、支持他们、鼓励他们并监督他们对自己负责
为社会做出贡献	参加聚会时积极发言
	为重要的事业做志愿者
	帮助遇到的人

（续表）

精神需求	任务
拥有充实的精神世界	祷告或冥想 与大自然沟通 体验人类共同体的神圣感 把生命当作一次神圣的旅程

为更充实的生活做减法

读过上述可能加入你生活的因素后，你就可以考虑如何为自己量身定制公式了。你有什么目标，想采取什么行动步骤来实现你的愿景？你可以选择哪些目标来帮助你创造更充实的生活？你可以在本书的练习册中找到更多模板，现在开始在公式中输入项目吧。

你已经知道要给你的生活加些什么了，现在可以看看你想要减去什么。到了这个时候，确定你需要摆脱的软瘾应该是很容易的。回想一下你之前确定的软瘾，然后把现在想到的也加上去。

你可以先减去熬夜看电视或上网的软瘾。相反，你可以增加一个体现自我关爱的习惯，包括让自己好好上床睡觉的仪式。或者，你可以通过和朋友们一起吃午餐和安排更多业余活动来减去工作狂的软瘾。减少自我批评的想法和消极情绪可能是最困难的，但你会发现，通过向别人表达这些想法并寻求安慰，你就可以做到这一点。

先加上一些替代活动再减去软瘾会更容易一些，但要打破根深蒂固的习惯仍然很难。以下是一些可能对你有帮助的策略。

识别出软瘾循环开始的时刻

是什么诱惑你陷入这种无精打采的状态？在坐下来看电视之前，你做了什么？在你开始马拉松式的闲聊之前发生了什么？无论它是什么，要识别并尽量避免它。改变上班的路线,这样你就不会经过你会习惯性买很多东西的商店。退订有线电视,删除电脑上的游戏,或者清理诱人的糖果柜。任何改变都有助于打破软瘾的循环。我们是遵从习惯的生物,哪怕只是改变习惯中的一个很小的部分都会减少让我们沉迷其中的诱惑。软瘾循环的导火索可能是一个特别需要减去的因素。

循序渐进做减法

人们在练习减法时最常犯的错误之一,就是试图一口气减掉所有。分阶段做减法,或者一次只迈出一小步,都会产生超出你想象的力量。你可以从对软瘾设置可行的限制开始。与其发誓不乱花钱,不如限制给自己购物的时间,或者设定一些任意的参数,比如从任意某天开始拒绝吃甜点。你会逐渐改变并摆脱这些习惯。

你可以增加一个舒适的就寝仪式来帮助自己减少熬夜情况,也可以循序渐进地减少看电视的时间。以这种方式设定限制往往比从一开始就设定一个雄心勃勃的目标更容易实现。你如果想减少看电视的时间,可以先把电视机搬出卧室,接着就可以把每天看电视的时间限制在两小时以内。之后,你可以考虑取消有线电视服务。公式本身如何并不重要,重要的是要选择对你来说可行的方案。

> 习惯就是习惯,不能将其扔出窗外,只能一步一步地引它下楼。
> ——马克·吐温

....

软瘾经验谈

彼得:当我开始戒看电视的软瘾时,电视仍是我女儿生活的重要组成部分,所以当她和我在一起时,我还会让她看。但我离婚后她跟她妈妈过,我和她在一起的时间很有限,电视让我们的距离变得更远了。于是我逐渐限制她看电视的时间，不是马上不让她看，而是一点点缩短。同时，我们增加了更多有趣的亲子活动。现在她比我还不爱看电视。上个月她让我陪她弹吉他，现在我们决定一起写歌，这比看电视上的演唱会有趣多了！

消极想法的减法

抑制自我贬低的想法和消除合理化借口是你能为自己做的最好的事之一。这些无处不在的消极想法为软瘾提供了理由，破坏了你的愿景。做这种减法会为更充实的生活——更多的爱、肯定、鼓励、真实而有力量的思维——创造空间。你可以重温一下"关注你的思维"那一章，复习一下如何抵抗既有的偏颇想法。

杂乱的减法

人在不受干扰的情况下更容易保持清醒。想想你的厨房台面、餐桌或书桌上有什么。当这些地方干干净净的时候，你就不会随随便便地弄乱它们。愿景是我们眼中的未来。当环境不再杂乱，你自然会看清重要的事物。

你可以通过清洁台面、整理抽屉和创造安静的环境来减轻杂乱。可以从清理一个抽屉或一小部分工作台开始。回家后，不再开着电视当背景音，而是播放一些鼓舞人心的音乐。在路上不打开收音机或播放 CD，享受五分钟安静。习惯独处的感觉。

> **更多行动**

当你为软瘾做减法时，也要更关注那些自然地为你的生活做加法的东西——时间、金钱、资源、意识和能量。用表格记录你要加上和减去的东西。用这张纸来提醒你生活中有多少美好事物。

计划如何成型

在获得更充实生活的公式的指导下，我们都可以让梦想成真。这件事有很多种实现方式。一个领域内的任何积极变化都会对其他领域产生积极影响。重要的是选择一个地方开始做。

让你的生活更充实的公式是由你的核心决定、精神需求和愿景组成的，它也能帮助你设定目标和行动，使你的愿景成为现实。你在设计公式时要同时考虑增加的和减去的活动。在应用这个公式时，要用可衡量的结果而非期待或模糊的愿望来描述你的目标。行动应该是具体、可行的，你应该选择你确定自己可以完成的行动。朝着你的愿景迈出的任何一步，无论多小，都会带来更多。

为你的目标选择一个时间段，从一年到一个月都可以。如果你设定了一年的目标，就把目标进一步分解成更小的目标，可以在一个月内完成的那种。行动在不超过三到四周的时间里最有力量。如果你选择了只需要一天或一周就能完成的行动，你会受到小成功的鼓舞，不断重新开始。

有了这些，你就做好了准备。只要你觉得合适，你就可以创建让自己生活更充实的专属公式。书后有模板和说明可以帮助你。

泰勒的公式

让我们看看泰勒如何用这种公式来实现他的愿景。你可以在创建自己的公式时参考这个模板，见本书的练习部分。

泰勒性格坚毅。他的军旅生涯让他极具组织纪律性，但无论他家里多么整洁，他的办公桌多么有序，他都觉得自己做得不够。他想充实自己的生活。他能在周围其他人身上看到喜悦、真诚和亲切感，而他从未有过类似体验。军旅生涯提供的工具无法让他获得他渴望的温暖和联系。他生在一个军事基地，在六个孩子中排行第四，很早就懂得了努力工作和遵守纪律的重要性。成年后，他的生活由一系列缺乏意义、例行公事的习惯组成，这些对他来说已经成为软瘾。他疯狂运动，限制饮食，就像接受食物定量配给的士兵一样。他尽职尽责地承担着所有的责任，但并没有从中获得乐趣。虽然他重视努力工作，但事业上的成功对他来说并不重要。他并不真心享受自己的成就。

在内心深处，泰勒是一个有爱心、充满活力、精力充沛的人，但在表面上，人们只能看到他的坚毅。他渴望发展人际关系，提升灵活性和自发性。他渴望依靠自己的军人经历来达到更高的目标，并将激情运用在对他而言重要的事业上。

泰勒用让生活更充实的公式重塑了自己的生活方式。首先，他回顾了自己的核心决定和总体愿景。接下来，他写下了阻碍他实现愿景的软瘾和他最想满足的精神需求。然后，他运用让生活更充实的数学原理实现了他的设想。他制定了长期目标和能让他实现目标的具体行动步骤。对于目标和行动步骤，他都计划好了要在生活中增加什么、减掉什么。

计划的执行不需追求完美

不要认为自己必须追求完美或做出泰勒那样的选择。关键是要让你的生活朝着你的愿景的方向前进。你希望有机会去学习、调整、体验丰富的生活，如果你固执地追求完美，这些是不可能实现的。

你可以这样想。如果你乘坐一架从洛杉矶飞往纽约的飞机，飞行员会沿着一条航线飞行，但他并不是每时每刻都在一条精确的直线上飞行。他会不时调整航线，左转弯、右转弯，再回来，以应付不同的飞行条件和天气情况。直线飞行计划并不适用于可能出现的所有情况。你也应该以同样的角度来看待你的公式，并允许自己在旅途中修正路线。

让生活更充实的公式不应该只关注如何摆脱所有软瘾。仅仅是摆脱软瘾并不算重大的胜利，在生活中增添更多的精神营养才是更重要的。我们正在为生活增添神圣感，为我们渴望的一切创造更多空间。

你的愿景可以变成现实，好在你不需要完全靠自己实现这个目标。在这一过程中，你需要也值得获得支持，在下一章中，我将与你分享获得这种支持并从中汲取养分的多种方式。

加减法示例

我的核心决定

我想过热爱真理的生活。我要充实地生活，在每一件事上表现出感恩和快乐，追求爱和联系。

我的愿景

我会成为一个强大而有活力的人，在我的世界里举足轻重。我活得投入而有激情，能够无私地奉献。我生活充实，兴奋地学习和成长，不断地朝着更高的信念和我的核心决定前进。

我的软瘾

- 想法悲观的情绪软瘾
- 独自一人健身，做力量训练
- 只为补充能量进食
- 喝咖啡和高糖饮料
- 看电视，特别是深夜播出的暴力动作节目

我的精神需求

- 得到肯定和认可
- 变得重要

我要做的加法

我的目标

- 增加50%营养丰富的食物
- 增加更多娱乐活动：打垒球、骑自行车、和女儿去公园玩……每周至少一次
- 通过锻炼和其他方法（太极拳、合气道、瑜伽）增强灵活性，每周至少两次
- 寻求知识和看电视以外的其他娱乐方式，每月至少阅读一本好书

- 通过增加自我关注、承认自己的成功、寻求他人的积极反馈以及每周至少夸奖自己一次来提升自尊
- 激发自己的兴奋感和冒险精神，如每周试着走出舒适区一次，以此代替观看冒险节目的软瘾

我的行动

前三个星期：
- 每周和妻子吃一顿有三道菜的晚餐
- 修好自行车
- 去书店
- 上合气道或太极课

接下来的三个星期：
- 开始看一本书
- 骑自行车
- 让妻子告诉我她欣赏我的地方
- 写日记记录我的成功和别人对我的积极评价
- 和妻子看肥皂剧而不是充满暴力的节目，试着从中找到一些有价值的内容

我要做的减法

我的目标
- 少喝 50% 的软饮
- 把锻炼限制在一小时内，每周三次
- 每晚看电视的时间不超过两小时

我的行动

前三个星期：
- 把含咖啡因饮料从每天四到六杯降到两杯
- 把每周锻炼频率从七次减到六次
- 把电视搬出卧室

接下来的三个星期：
- 每天只喝一杯含咖啡因饮料
- 每周锻炼五次
- 每周享受一个没有电视的夜晚

第 9 章

获得支持并负起责任

> 为了打好这场战役,我们需要帮助。我们需要朋友,我们需要周围一切事物的帮助,以朝着我们的目标迈出必要的步伐。
>
> ——巴西作家保罗·科埃略(Paul Coelho)

历史上没有一个梦想家是孤独地实现愿景的。实现一个愿景和摆脱你的软瘾不是靠自己的力量就能做到的。这件事的积极意义在于,它迫使你发现支持带来的安慰和乐趣,以及责任所能提供的确定性和方向。他人的支持能让你把自己的愿景变成现实,而责任感的镜子则能提供反馈,让你朝着正确的方向前进。

如果没有支持和责任,软瘾甚至会在暗中让最强大的人也泥足深陷。软瘾深深地渗入我们的社会和潜意识。它的诱惑如此强烈,我们只有通过强大的支持网络才能抵抗已形成潮流的软瘾的侵袭,选择更充实的生活。有了支持,我们会受到鼓舞和激励。有了责任,我们就拥有了使我们保持在正轨上的自我激励方法。

本章将指导你选择正确的行动并制定时间表,定期评估你的进展情况。时间表会帮助你以回报和结果为导向。支持系统会帮助你周围的人引导你、鼓励你、支持你朝着你想要的生活前进。

软瘾经验谈

劳拉：我是一个特立独行的人。我不寻求帮助，也不希望别人监督我。我以为寻求支持是弱者的事，而负责任是会计师的事。但在机缘巧合下，我参加了一个旨在充实生活的小组。我瘦了近20千克，不再吃甜食，不再看电视，开始有规律地锻炼。这是我第一次能够坚持做我决定做的事情。我相信自己能开始并完成这项任务。当我变得更坚定时，我对自己也更有信心了。这是因为我意识到我实际上可以把事情办好——好吧，我承认，我也需要一些支持。在这些支持下，我开创了自己的事业。

负起责任

字面意义上看，英语中"责任"一词的本意是"多加考虑"，许多人却错误地认为责任是对失败的惩罚。在软瘾解决方案中，"问责"行为只是评估你和目标之间的关系。下面你会看到一些具体的方法，帮助你将支持和责任加入上一章给出的公式中。你可以在本书的练习册部分找到这些公式。在你的公式中加入评估内容，会帮助你避免在不知不觉中陷入软瘾的泥淖。

> 你如果在攀登人生的阶梯，要一步一个脚印地走。有时候，你停下来看看爬到了哪儿，才恍然发现自己已经到这么高的地方了。
>
> ——美国流行歌手唐尼·奥斯蒙德（Donny Osmond）

告诉别人你的愿景

一旦你告诉别人你的新愿景，你就会自动对自己负起责来。知道别人知道你的计划这件事会让你更清醒和诚实。用语言表达你的愿景可以帮你专注于你正在进行的事业，并让你更渴望兑现自己的承诺。分享会让别人认可你的成功。

例如，我告诉过很多人我正在写这本书。他们发给我一些关于自己软瘾的轶事，告诉我他们更深层的渴望。还有些人给我发送引文和参考文章，并祝我一切顺利。在我写这段话的时候，我的一个学员给我发了一封电子邮件，里面有一段关于精神需求的名言；我的侄女从意大利给我发电子邮件，问我写作进展如何；我丈夫打电话问我怎么样，并提醒我要享受写书的乐趣。我很高兴别人问我"写作进展如何"，很开心他们能想着我。他们对我目标的了解让我不断朝着目标前进。

更多行动

今天就告诉别人你的愿景。你可以在和别人谈话时告诉他们，也可以发电子邮件给他们。如果有人问你最近怎么样，就告诉他们你的愿景吧。

为目标和行动制定时间表

如果你不做出具体的承诺，如"在下个月之前，我每天要花10分钟在这个与我的愿景相关、真正有意义的活动上"，那么将其付诸行动是很困难的。

因此，你所有的目标和行动都应该有一个时间表。目标应该覆盖更长的时间段——月度、季度或年度。行动可以提前一个星期到一个月计划好。把它们看作灵活的时间安排，而不是定死的最后期限。

> 目标是加上了期限的梦想。
> ——美国励志作家
> 拿破仑·希尔
> （Napoleon Hill）

制定时间表的时候要现实一点，不要想着从你现在的状态实现巨大的飞跃。让充满软瘾的生活一夜之间变成给你带来养分的充实生活通常是不现实的。不现实的时间表会使我们泄气，导致我们放弃自己的计划。当你按时间表完成计划时，你会感到有回报并想要继续前进，所以时间表要简单和循序渐进才能确保你的成功。

> **更多行动**

你的目标和行动是什么？将它们放入你的公式中，详见本书的练习册部分。给自己制定时间表。把这些步骤写在你的日历或手帐上。随身携带这份时间表，每周评估一下自己的进展。

与他人一起评估进展

定期与某人联系，这样你就可以汇报你的成功和失败了。你可以根据收到的反馈，决定是该更新你的计划还是重新调整它。如果你没有进步，那就调整你的节奏吧。你的朋友可以帮你制定策略。

软瘾经验谈

丹尼斯：我之前总是逃避做承诺和定时间表，但我最终决定不再抱怨，开始过我真正想要的生活。我加入了一个充实生活的小组，每周都强迫自己对自己负责。我的软瘾是乱丢东西，还总是做出一些野心勃勃但从来没能实现的承诺。在小组里，我制定了一个现实的目标：在接下来的三周里，每天花15分钟整理杂物。最终，我做的远不止这些，而且设定一个我打算坚持的目标并负责任地去实现它的感觉太好了。

设置奖励和"惩罚"

责任的实践方式包括奖励和惩罚。当你达成目标时，奖励会对你形成激励，让你朝着梦想前进。例如，当你成功地限制看电视的时间满一个月后，你可以奖励自己去看一场你想看的新戏。在完成一项你一直在拖延的任务后，读一章你喜欢的好书，或者洗个奢侈的泡泡浴放松一下。有意识地为自己计划休息时间，用它们来庆祝你完成某个任务。

阿什莉的软瘾是熬夜看家庭购物频道。她经常穿着衣服在客厅的电视机前睡着，半夜醒来时头脑混乱又迷糊。因此，她设定了一个目标：设置一套更有意义的睡前仪式。如果她一整个星期都没有在电视机前睡着，她会给自己一些奖励，以巩固这种睡前习惯——一套漂亮的睡衣、一个甜蜜的睡前故事、一支新蜡烛或一张舒缓的助眠CD。她所做的选择不仅激励她继续朝着自己的愿景努力，也让她变得更可人、更美丽、更温和。

通过自我奖励，你学会了庆祝自己的成功。沉溺于软瘾的人往往有非黑即白的思维——我要么彻底戒掉软瘾，要么就失败了。对每一小步成功的庆祝有助于强化你想养成的新习惯，并提醒你，尽管过程中有挫折，但前进的每一步都很重要。奖励可以包括休息、娱乐或任何你喜欢的活动。

当你达不到目标时，要有创造性地制定惩罚措施——这些措施的目的是鼓励而不是惩罚本身。你制订的计划要切合实际，不会因为一次失败而彻底放弃。现在，花些时间写下你的想法，准备一份现成的清单。其中的惩罚措施可能包括"记录下对改变的抗拒"，或是"给朋友打电话寻求支持"。你还可以设计那些使自己意识到行为代价的惩罚措施，例如"给最喜欢的慈善机构捐一笔款"，使你意识到你对金钱的不负责任带来的经济损失。设计惩罚措施会引导你走向你的愿景。

注意事项

不要用软瘾来奖励自己的进步。

软瘾经验谈

瑞克：我在一家制造公司工作，管理着很多员工。我负责月报，总结我们每个月交付的内容和产品。每个月，我都有足足三周的时间沉浸在对月报的恐惧中，然后把它留到必须上交的前天晚上。这就是我的软瘾——拖延症！我的生活教练鼓励我每天做一部分工作，并计划给自己奖励。我就是这么做的，用我有生以来的第一次按摩来奖励自己。成效显著。我按时完成了我的报告，一点儿也没有出错！

获得支持

获得更多人的支持是理想生活的一部分。有更多的人支持你的成功，意味着你会获得更多的鼓励、联系、资源、伙伴关系、亲密感和灵感。获得和给予支持是满足我们精神需求的一种绝佳的方式。我们都拥有的普遍的渴望是通过他人的同情和真诚得到满足的。

当你得到支持的时候，戒掉任何一种瘾都会更容易。有一群具备洞察力的朋友可以交谈，你会发现抵抗软瘾的诱惑变得非常容易。支持网络提供了真实、有意义的关系，而不是表面的满足。找到你可以信任的人，让他们给你真诚的反馈。他们会帮你制定策略、克服障碍，并为你实现愿景创造可能性。

下面的部分为如何为你想要的生活争取和接受支持提供了一些思路。在阅读时，你可以把其中的一些加入你的公式。你可以在本书的练习部分找到这些公式。

更多思考

回忆一下你从别人那里得到情感支持的情景。记住在那个人倾听、提供建议或展示他或她对你的关心时你的感觉。记住这种积极的感觉，让它激励你向他人寻求帮助。

如何获得支持

和许多人一样，你可能会很想获得支持，但觉得实现这一点不太容易。你如何说服同样有软瘾的朋友们为你寻找更充实的生活提供支持呢？你如何认识清楚精神养分在生活中重要性的新朋友，并吸引他们加入你的支持小组？方法有很多种，这里提供有一些最有帮助的。

敞开心胸，获得新支持

我们中的许多人都明白，不要去自己出身的家庭寻求支持。我们需要认识到家庭模式和信念是有局限性的，让自己敞开心胸去寻求新的支持。

参加新活动，发现支持者

你可以运用让生活更充实的公式，在生活中加入各种对你而言更具意义的新活动。在这个过程中，你很有可能遇到与你的愿景产生共鸣的人。也许你的新活动包括去看戏剧、看表演、听讲座或参加图书签售活动。你也可能会去参加文学俱乐部、参观艺术博物馆或和一群人谈论政治。你可以缝被子、开飞机甚至练太极。这些活动都会让你遇到一群新朋友，他们可能会给你支持。

> **更多行动**

要做生活的学生。学生们都很好奇，会问问题，并且随时准备学习。要认识到，其实周围的每个人都能提供或教给你一些东西。当你有需要时，你会惊讶地发现，竟然有那么多人支持你。

向家人和朋友寻求支持

当你尝试改造生活时，并非每个人都会自动支持你所做的改变。事实上，人们可能会取笑你，瞧不起你，不相信你，不尊重你。如果有些人积极地破坏你为改变做出的努力，不要感到惊讶。也许改变令他们感到威胁，或者他们不想承认自己的软瘾。

尽管如此，也不要把你对更有意义的生活的渴望藏在心里。要向你的家人和朋友解释，你正在做的事对你来说是有意义的，因此你需要他们的支持。告诉他们你的核心决定，和他们分享你的愿景，让他们知道你在生活中创造了"更多"。在你的内心深处，把他们纳入你的渴望。

接受改变的决定

当你平和地接受自己的决定并保持坚定的决心时，你自然会得到更多的支持，淹没反对者的声音。然而，如果你对改变的态度不够明确，人们就会感觉到不确定性，他们的评论和态度可能会反映出你的怀疑和矛盾心理。当你对自己的选择感到更有把握时，别人的评论和意见就不会那么困扰你了。你的核心决定的力量会比任何人的消极情绪都强大。不过，请做好准备迎接别人的如下质疑：

你为什么要这样做？
你知道你在干什么吗？
你凭什么认为你能改变这种情况？
你以为你这么做能改变什么？
你凭什么觉得自己比我们强？

> 远离那些试图贬低你雄心的人。小人物总是这样做，但真正伟大的人会让你觉得自己也可以变得伟大。
> ——马克·吐温

你不和我们一起玩了，是觉得我们配不上你吗？

你就做梦去吧。

当别人不想和你一起改变时，要允许自己感到受伤、生气或害怕，这对你充分践行你的决定而言是关键一点。要负责任地表达你的感情，但重点是一定要将其表达出来。相信你会找到支持你的人，或者他们会找到你。

为新的支持开源

你可能会获得消极反馈，或产生偏颇想法，比如"我认识的每个人网瘾都很大，我永远也不可能说服他们和我一起改变"。你如果不能从身边的朋友那里得到支持，就需要和一个信仰和价值观与你更一致的朋友建立新的关系。这并不像你想的那么难。这里有一些好用的创建新支持的策略。

与他人交谈

大多数人想到支持的时候，会默认它来自好朋友、配偶或治疗师。虽然这些人确实是很好的支持来源，但不要忽视和任何一个人交谈的力量。软瘾的普遍性使其成了一个自然的话题。我曾经和完全陌生的人谈论过软瘾，和女服务员、企业家、空乘人员、首席执行官、家庭主妇、牧师、神父、拉比、商人、选美选手、孩子、祖父母、广告公司高层、农场主、在家接受教育的学生和高中生进行过令人兴奋的讨论。他们都当即与我分享了自己的问题，或者至少说过"我有一个朋友"怎样怎样。

几乎每个人都和软瘾做过斗争。有些人克服了这些障碍，现在过上了更充实的生活。其他人可能有想克服它们的强烈愿望。大多数人都很容易接受围绕这个话题的谈话，并会在你努力改变生活方式的过程中给你语言和情感上的支持。

给他人支持

当你给别人支持时,你会将与他人的互动视为相互支持而非闲聊或沉溺于其他肤浅交流的机会。通过有意识地向他人伸出援手,你会鼓励他人向你伸出援手,从而创造出这种双向的关系。

我丈夫是相互支持这门艺术的大师。他是一个有着远大梦想的人,清楚自己的愿景和目标,也一直记着别人的愿景。他的典型一天是这样的。在培训的间隙,他会在当地的咖啡馆驻足,与服务生打招呼。大多数人他都叫得出名字。他支持某个人获得学位,鼓励另一个人好好利用自己的教育背景。再晚些时候,在完成一对一培训之后,他去取车,准备参加下午的会面。在路上,他问候了附近一个无家可归的人,问他对新自行车是否感到满意——那辆车是鲍勃安排人送给他的——结果发现他把它卖了。然后,他驶入车库,问候了他很熟悉的服务员——鲍勃曾经鼓励他放弃贩毒,转而进行一些房地产投资。在鲍勃心目中,任何对话都存在为双方创造价值的目的。他和任何人交谈,无论是UPS快递员、飞机上的邻座、密友、复印设备销售员、出租车司机还是接受他领导力培训的首席执行官,他都会引导他们讨论对他们来说什么最重要,并帮助他们确定自己的梦想。他喜欢寻找方法去支持他在生活中接触的每个人。他会解决问题,找到资源,并尽各种可能激发它们。通过这些对话,他发现了自己的才能或资源,促进了自己或周围的某人实现愿景。他不仅创造了相互支持的环境,还创造了一个更大的、外向的、螺旋状的资源网络,编织了一张联系与可能性的网。

加入互助小组

虽然你可以通过多种方式获得支持,但不要低估一群渴望更充实生活的人的集体力量。鼓励你周围的人加入你的队伍。在每一次聚会中寻找可以建立联系的对象,范围包括读书小

> 永远不要怀疑一小群有思想的公民可以改变世界。事实是,世界的改变正是从这样的一群人开始的。
>
> ——美国人类学家玛格丽特·米德(Margaret Mead)

组、邻居聚会、工作团队、各类委员会、游戏群组、假期家庭聚会、运动队、写作小组甚至与你共乘一辆车的乘客。你也可以在附近的杂货店、健身俱乐部或咖啡馆贴广告，自己建立一个小组。

与他人合作：深化支持和责任

当你想和尽可能多的人谈论你的愿景和计划时，与几个关键的对象合作将带来更高层次的支持和责任。一份正式的"合约"将确保你们双方进入这段关系的更深层次。它会让你保持专注，并提供更具体的方法来保持责任感。

在莱特研究院的"软瘾解决方案"小组中，学员与彼此签订合约，监督任务完成情况，分享各自的计划，提供反馈和鼓励，讲述与软瘾做斗争的故事，并展示在他们寻求更充实生活的过程中发生了什么。

像他们一样，你也可以使用各种类型的合约和任务来帮助你获得更多支持和责任。

互利合作

一个平等的合约包括找一个正在处理相同问题的人，约好了互相监督、共同进步。和人们交谈，了解谁和你的目标一致。他们可能是你在健身房、读书小组或咖啡馆遇到的人。找一个和你有同样软瘾习惯并对摆脱这种依赖感兴趣的人。或者只是找到一个希望生活更充实的人，即使对方的软瘾与你的不同。

....

软瘾经验谈

理查德：作为一名企业家，我的主要收入取决于销售额，但我却总因为喝太多咖啡、拖延症和各种各样让我分心的活动而偏离了正轨。通过我所属的一个组织，我遇到了另一个情况和我相同的企业家。我们一开始只是分享各自的成功和挑战，但后来决定正式确立关系，成为彼此的主要支持伙伴。那已经是三年前的事了。基本每一天我都会给他打电话，或是他给我打电话，我们一起考虑复杂的商业决定，庆祝彼此的成功，或者在对方遇到障碍或失败时认真倾听。开始时比较正式，我们会提前约好通话时间，但现在我们已经把和对方通话视为日常生活的一部分了。他帮我规避了一些重大的错误决策，我也支持他为他的生意冒了一些必要的风险。达成这种相互支持协议对我们双方都有巨大的好处。

单向合同

现实地说，你可能不认识和你有同样软瘾的人，或者找不到对签订互相支持的平等合约感兴趣的人。不要耻于主动要求别人支持你。许多人会很乐意这么做，并为你选择他们而感到荣幸。选择一个会鼓励你、同情你、关心你，但也会坚定地支持你的人。告诉他/她你的愿景、目标、行动以及你制定的时间表。定期和他/她一起回顾你的进展，在遇到困难时解决问题并重新开始。为了让他/她知道事情的重要性，你们可以找一个固定的时间做回顾。

交换优势和资源

你也可以和别人商量好交换优势和资源。当你寻求支持并设计好一个清晰的交换协议时，这种类型的合约最有效。把合约定得正式一点，对双方都更有好处。这种"以物易物"的协议中，明确具体要求是很重要的。如果你不认真，你的合作伙伴也会如此，而且双方都不会追究对方的责任。为你的"交易"设定一个时间限制，并在指定时间结束时乐于重新沟通。

这种"让我们做个交易"的策略对夫妇或情侣格外有效。

唠叨，唠叨，唠叨。一说到妻子克丽丝对自己保持身材、吃更有营养的食物的督促，斯科特只想得到她的唠叨。而克丽丝对他抱怨自己控制欲强的情况也很不满。她心想：别再说我多咄咄逼人了，明明是你不求上进！在加入莱特研究院的一个伴侣培训小组后，他们开始探索他们的关系，并意识到他们多么渴望成为齐心协力的一对。在很多方面，他们都是能够互相支持的完美配偶。于是，他们做出了各自的核心决定——斯科特希望让自己的生活充满活力，克丽丝则选择了在生活中多冒险。因此，他们约定要互相支持。

自从在高中参加体育活动后，斯科特就没有锻炼过。他希望增加锻炼。克丽丝对膳食营养和锻炼方法很在行，所以他请求她在饮食和锻炼方面给予支持。克丽丝虽然渴望冒险，但她的实际生活总是在疯狂做家务、沉溺于忙碌的工作和看电视中度过，于是她请求斯科特在这方面支持自己，让自己放下对家务的痴迷，享受更多的乐趣。克丽丝对斯科特的承诺是每周至少做三顿低脂饭菜，并策划骑车或徒步旅行。斯科特承诺每周帮助她休息和放松至少三次。他给她讲笑话，带喜剧片回家看，给她发有趣的电子邮件。每周六早餐时间他们都会开会，讨论本周的愿景和目标，并制订互相帮助的计划。他们变得更亲近，更欣赏而不是嫌弃对方。克丽丝玩得更开心了，斯科特的健康状况也更好了。现在，他们还开始指导其他需要学习合作的伴侣。

支持的长期影响

当软瘾诱惑你重蹈覆辙时，你不一定要把寻求支持者的目光限定在倾诉对象上。生活更充实的人会发展出支持圈，他们会以各种各样有创意的方式来利用这些支持。他们乐于接受他人的帮助，无论

> 没有什么比一个有力的支持网络更强大的了。事实上，如果没有别人的帮助，你将无法摆脱生活的束缚。寻找那些愿意在狂风中站出来的新朋友。创建一个朋友圈，致力于相互支持，让整个团队的梦想成真。
>
> ——美国作家尼古拉斯·洛尔（Nicholas Lore）

是愿意倾听他们心声的朋友，还是能够帮助他们处理复杂情绪问题的专业人士。让我们看看你在生活中可以如何利用支持。

积极的改变仍然是可怕的

当你开始摆脱软瘾，创造你一直以来梦想的生活，你长期压抑的感觉将开始浮出水面。去热情拥抱这些感觉吧。积极的改变仍然是改变，而改变是可怕的。当你受到挫折而沮丧时，你可能会不时感到愤怒。在努力摆脱软瘾、面对真实自我时，你可能会感到脆弱、无助。接受你的敏感，积极地看待你的感受。能理解你的经历的人是无价的。寻找那些能够自在地谈论自己的感受和经历，并不会羞于告诉你他们的感受的人。

30多岁的玛尔塔是一名教师，她做出的核心决定是"在所做的任何事中感受到意义"。结果，她减掉了不少体重，感觉更有活力，也更清醒了。玛尔塔更多地活在当下，更多地直面自我，体验到了多年来从未有过的强烈感受——无论是喜悦、恐惧、愤怒还是爱。不仅如此，她对异性的吸引力也更强了。这件事虽然让她感到开心，但也让她变得患得患失起来。她被自己的感受和这种新的关注吓到了，于是开始大吃大喝，恢复了原来的体重，在潜意识里试图以这种方式拒绝异性的关注。

幸运的是，玛尔塔意识到，更好的选择是寻求支持。她和同样经历过这些变化的人交谈，而他们肯定了她的感受，分享了自己的经历。玛尔塔不再通过增肥来保护自己不受感受的伤害，相反，她开始慢慢接受自己没有问题，实际上还有很多优点的事实。她的感受为更真实、更令她感到满足的生活铺平了道路。

守护你愿景的人会帮助你坚守信念

在朝着我们的愿景前进时，我们会质疑我们的决定，也是很自然的。大多数人都有过对自己的事业产生怀疑、感到担忧并再三考虑是否要放弃的时候。我们常常会出现这样的疑问：我为什么说我想要这个呢？这太难了。有意识地做出改变到底有什么好处呢？我把这种思维称作"傻瓜的心声"。你可能是在一瞬间做出核心决定并开始构建愿景的。然后你遇到瓶颈了，于是开始重新思考。你的犹豫来自对自己的贬低：我当时在想什么？我是个傻瓜。我竟然真的相信我可以在生命中拥有更多。这就到了需要你给自己加把劲的关键时刻。

找到一个守护你愿景的人。让你的朋友、同事、家人甚至是老板来监督你。把你的愿景写下来，让他/她定期读给你听。让他/她随时发信息给你，并在你犹豫的时候提醒你。当你有疑问时，给他/她打电话。这种支持是必要的，特别是当你有一个伟大的梦想时。你会对梦想产生疑虑，恰恰是因为它太宏大了。

> 有时我们的光要熄灭了，却被另一个人吹成了火焰。我们每个人都应该深深感谢那些重新点燃这道光的人。
> ——德国哲学家
> 阿尔伯特·史怀哲
> （Albert Schweitzer）

我的一个梦想是创建一个用于静修和会议的中心。在那里，我们可以更深入地工作，不受日常生活的干扰，同时享受美丽的自然环境。我设想人们在这种环境下成长，相互帮助，改善各自的生活。我花了三年多的时间在离我们居住的芝加哥车程在两小时以内的位置寻找这样的地方。我们终于找到了一处临湖的美丽土地，周围有起伏的山丘、森林和天然的草原。然而，房子本身的状况却一团糟。建筑设计得很优美，但并没有完工。由于疏于打理和受潮，屋体已经腐坏。野生动物在房子里挖洞，老鼠横行，墙里流着水。我们的朋友几乎都在说，看到这处房产时，他们感觉我们疯了。他们不解地说，我们如果真的买下这个地方，就该把房子烧掉。

> **更多行动**

找到你认识的正在积极改变自己生活的人,成为他/她的"愿景守护者"。体验一下为他人守护愿景的良好感觉。

那时,我们在一个高档郊区有一所漂亮的房子,刚刚重新装修过。我们为什么要为了这个破烂不堪的地方放弃它?我们的一个朋友是苏格兰一所著名的生态村与基金会芬德霍恩的创始人,她知道精神世界的重要性。她相信我们所做的事情,能清楚地看到我们的愿景,于是成了我们的"愿景守护者"。当我们感到灰心丧气,怀疑我们的行动是否正确时,我们就会打电话给她。她会告诉我们,我们的愿景有多重要,她对我们又有多信任。她自己的信念和立场从未动摇。于是,我们在这个"不可能的地方"建起了斯普林伍兹草原会议与培训中心。它成了一个蓬勃发展的成功企业,为许许多多的人提供服务。

创建长期团队意义重大

支持不仅是为了现在,也是为了将来。创造你想要的生活并不是越过终点线赢得比赛这么简单的事,而是一个持续的过程。在你朝着目标前进的过程中有人支持你很重要,在你实现目标后有人帮助你也同等重要。

因此,创建一个长期支持团队意义重大。从本质上说,这个团队是由有责任感的人组成的。个人与团队之间有目的、促进成长、鼓舞人心的互动将成为常态。你们的互动将是轻松的,但绝不是随意的。共同的目标决定了你所做的一切。

然而,我们大多数人都不会有意识地选择朋友,也不会主动决定谁最有可能帮助我们实现理想。因此,我们自然不会去创建一个长期支持团队。相反,我们周围都是和我们品味相近的人,这通常意味着我们会和同样沉迷于软瘾的人在一起。塞莱斯特就是这样一个人。不过她已经解决了这个问题，并以一种高度自省的方式建立了一个长期支持团队。

塞莱斯特40岁出头，开着一家美容院，客户名单上有影视明星、疲惫不堪的专业人士，以及其他许多把她的美容院视为"心灵绿洲"的人。她带给他们的影响远不止她提供的服务的范畴。她的客人们可能只是为做个面部护理而来，但走出去时却谈论着他们的梦想，仿佛精神世界的核心焕然一新。塞莱斯特把自己提供的服务看作服务他人这一更大精神使命的一部分。除了经营美容院之外，她还是两个孩子的母亲，是忠实的妻子，现在还在业余时间努力进修大学课程。塞莱斯特来自东欧，她很珍惜在这里找到的机会，并希望充分利用它们。对塞莱斯特来说，生活意味着充实的体验，但她经常听到家人和朋友说："慢点儿吧，你做得太多了。你为什么这么忙？你为什么不参加家庭聚会？你以为你是谁？"他们的生活方式非常不同，这让他们感到受威胁，对她的行为挑三拣四。

注意事项

准备好面对那些不支持你的人的嫉妒和怨恨吧，他们可能会试图让你因为做了这么多积极的事而感到内疚。有些人甚至可能把这种嫉妒伪装成担忧。重要的是获得那些不会被你的成功威胁到的人的支持。

尽管塞莱斯特爱她的家人，但她不得不做出清醒的选择，以免家人阻碍她发展。尽管他们会有意见，她还是会选择性地参与家庭活动，更喜欢与家庭圈子以外的对象深入接触。她认识到自己需要真正支持她事业的人、为她事业加油的人、不会贬低她的成就的人。没有意义的普通社交对她来说是不够的。她想与人建立深刻的联系，分享目标和鼓励，谈论重要的事情。她不强求获得家人的支持，而是选择了与那些追求梦想的人为伍。她喜欢和企业家们在一起，改善他们生活的世界的质量。不过，好在她的丈夫已经成为她最大的支持者。塞莱斯特的核心决定是"让这个世界变得更美好"，她正在努力建立一个支持者团队。

你也可以像塞莱斯特一样，组建一个类似的长期支持团队。这并不意味着你要把所有沉溺于软瘾的人都从你的生活中排除，但确实意味着你要建立一个可以依靠的团体，让你在未来的岁月里更加专注。要建立这样的团队，请牢记以下指导原则。

选择标准是"支持者"。你要选择的是支持者，而不仅仅是善于交际的人。有趣的人很棒，但不是成为你的支持者的标准。

在慎重考虑后做出选择。做选择时要慎重，不要仅仅因为一个人和你一起长大或共事多年就盲目地接受对方。

期待更多。在聚会时，鼓励人们用各自的特长互相帮助。

挖掘深度。寻找有深度的互动，更深入地分享生活目标、内心渴望和日常策略。

改变你的筛选标准。注意排除那些你认为不合适或不适合你的人。使用不同的筛选标准可以为你创造新的可能性。

寻找榜样和灵感并不难

当你在生活中变得更有自省意识，更多地参与有意义的、鼓舞心灵的活动，你必然会遇到那些为你的生活提供更多榜样的人。他们把生活看作神圣的旅程，并不会被软瘾所控制。想找到这些告诉你"我做到了，你也可以做到"的榜样并不像看上去那么困难。扩展思想和眼界，你会发现很多这样的人。

> 我认为，真正的朋友是那些会支持你，让你充分表达自己，不遗余力地帮你遵守诺言，督促你多走一小步，鼓励你跳出框框，让你梦想成真的人。只有自己做到这些的人才会去支持你这样做。
>
> ——尼古拉斯·洛尔

寻找那些清醒的、充满活力的、有影响力的人。留意拥有这些品质的人。关注那些以某种方式为人类服务的人，或者那些精力充沛、充满智慧的人。阅读实现伟大成就的人们的传记，关注个人改变世界的故事。

罗素·康维尔（Russell Conwell）的《钻石田》（Acres of Diamonds）记录了最鼓舞人心的充实生活。康维尔相信，生活中的财富存在于我们每个人的内心，我们只要去寻找就可以得到。作为军人、牧师、律师和坦普尔大学的创始人，他的一生证明了做出核心决定并根据其生活的力量。

过上更充实的生活并不意味着你也要向名人看齐，但那些寻求生命意义的人可以对你自己的生活产生模范作用。要受到那些想要改变世界的人的鼓舞，认识到你也有同样的渴望，而不要被他们吓倒。他们已经做出了自己的核心决定，并用他们的生命能量来追求梦想。你也可以做到。

更多行动

在自然界中寻找精神上的支持。躺在柔软的草地上，感受风抚摸着你的皮肤，凝视河流、湖泊和海洋。在树林里散步，在公园里吃午餐，在花园里工作，欣赏日落景象，寻找夜空中的星座。感受大自然的节奏，寻找季节和生长周期中体现的智慧。自然世界以人类无法实现的方式激励和启发我们。我们可以提高对自然的感知力，并与它的节奏相一致。这将引导你远离你的旧习惯，走向更充实的生活。

将支持付诸行动

既然你已经了解了如何获得支持，现在是时候重新讨论充实生活的公式了。在这些公式中，你着眼于目标和行动，它们增加了与你的核心决定相一致的活动和行为，减去了那些将你推向软瘾的活动和行为。

现在，你将把你新创建的支持系统应用到实践中。有关更多信息，请参阅本书的练习部分。你会注意到，你可以写下每个目标和你选择的行动的奖励与惩罚，以及一个具体的时间表。在构建充实生活的公式后，一定要计划如何获得支持。使用本章中的例子来指导和激励自己。努力接受支持，在填写表格时，要写下有谁、何时以及如何支持你。与支持你的人分享生活，会让你生活得更好。

给自己支持

毫无疑问，寻求支持会让你感到自己很脆弱。无论你是在祈祷还是请求朋友与你订立互助合约，你都是在向别人示弱。这也许是一件很可怕的事。接受他人的支持同样可以在你的生活中创造更多的亲密感。虽然我们都认为自己想获得亲密关系，但我们也可能害怕别人太过了解我们。我们可能害怕负起责任：如果我失败了怎么办？如果我不够格怎么办？我们也会觉得自己不值得获得别人的帮助。我们害怕成为别人的负担或打扰他们。我们也可能觉得我们应该完全独立，不需要任何人。

尽管这些事情可能会为你增添不少困难，但你要认识到你不仅需要支持，而且值得受到支持。我们承担的越多，需要的支持就越多。寻求帮助和支持不是软弱的表现，而是决心、意图和目的的证明。想想参加奥运会的运动员需要的支持。他们拥有运动相关各领域的教练——脊椎指压治疗师、编舞师、按摩治疗师、整形外科专家、运动心理学家、营养学家和商业经理——来为他们的身体、思想和精神提供支持。追求更充实的生活就好比在精神上参加奥运。让你获得的支持成为你决心过上更充实生活的标志吧。

第 10 章

弯路与校正

重要的不是你是否被击倒,而是你能否再站起来。

——美国橄榄球教练文斯·隆巴迪(Vince Lombardi)

摆脱软瘾、创造理想生活的路是曲折的——它不仅会让你走得更远,也会让你走得更深。这条路会带来新的体验和挑战,这些可不像软瘾那样可以预测。因此,我们很容易走弯路。这一章的目的是通过为路上的颠簸、抛锚、困境、障碍、后退和爆胎等各种状况做好准备,来鼓励你在旅途中不断取得成功。

说这些障碍是不好的或必须避免的并不正确。我辅导的学员发现,每一个弯路上都藏着机会和教训;挫折通常会带来新的机会,拓展新的领域;错误的转弯实际上可以丰富你的旅程。

阅读游记和去旅行是两回事。书,就其本质而言,会使任何过程看起来比做起来更简单、更直接。从文字上看,摆脱软瘾的技巧——从明确核心决定到确定你的软瘾,再到发展远景等——会让你觉得,似乎只要做了 A、B 和 C,你就会迅速过上你想要的生活,并一直这样下去。

这本书中的技巧不是简单的、很容易按部就班完成的,并不是说做完这些你就成功了。它们是需要你用一生时间学习和应用的技能。不是在简单的八个步骤后你就被"修好了"。你并不是失灵的机器,所以也不需要被修好。这些技巧是生活指南,你可以反复应用它们,创造更充实、更有意义的生活。你运用技巧越熟练,受益就越多。只有在经历了尝试、失败、进入死胡同、遭遇挫折后继续前进、扫除重重障碍之后,你才能取得更大的成就。你甚至可能在实现你的愿景、践行你的核心决定后再次回到软瘾的怀抱。虽然这种走走停停的过程可能会令人沮丧,但它也能加深你对自己正在构建的美好生活的欣赏和体验。

你需要指引,让自己走上正确的道路,避免走弯路而钻进死胡同。

在本章的最后,你将学会利用这五条通往更充实生活的道路的准则。它们会支持你度过旅途中不可避免的挫折,鼓励你取得成功。

通往更充实生活的道路的准则

1. 做好准备。
2. 不要恐慌。
3. 寻求帮助。
4. 继续前进。
5. 一路学习,一路成长。

这些准则引领着我和与我共事过的无数人坚持走在通往更充实生活的正轨上。摆脱软瘾意味着你必须接受进入未知世界的挑战,学会与强烈的情绪做斗争,应对成功和随之而来的空虚感。如果没有准则,这些挑战会让最执着的战士走偏。然而,俗话说,有备无患。本章是根据准则1的精神编写的,也就是要做好准备。所以,系好安全带吧。这是一次狂野的旅行,但更有意义的是,它通往你想要的生活。

杰克的旅程

现在让我们通过杰克的经历看看你能遇到的挫折和障碍的类型。你将从他的经历中学会识别和预测最常见的陷阱。你将看到杰克成功和失败在哪儿，以及他如何从两方中受益。你会意识到前方的挑战，以及这些准则如何在障碍出现的情况下让你坚持下去。

杰克是一位富有魅力的成功企业家，他承认自己有一些软瘾：花太多钱买衣服和新奇玩意儿、装腔作势、冒险以及他所谓的"找女人"。他喜欢那种在创业过程中体验到的命悬一线的感觉，也喜欢在生活的许多领域冒险时的快感。

杰克希望获得更充实的生活。为了这个目标，他决定调整自己的身体状态，甩掉腰间的肥肉。他认为超重是他通向真正幸福的唯一障碍。他减掉了多余的体重，但无论他看起来有多强壮，买了多少新东西，和多少异性约过会，完成了多少宗大交易，他都无法摆脱内心的空虚。他从不觉得自己拥有的东西、赚到的钱够多或者够令人满足。杰克在精神上已经"破产"了。

发现渴望

在参加了莱特研究院为男性提供的周末活动后，杰克更清楚地看到了自己的强迫症。他开始明白，他对外表的执着、对物质的热衷、对肾上腺素的追求都植根于自卑感，尤其是面对他父亲和其他成功人士时产生的自卑。新的法拉利、空有外貌的女友或百万美元的交易都无法真正缓解这种感觉。

正是这种认识让杰克发现了他隐藏在软瘾之下的渴望——他需要被看见、被肯定和被爱。在承认自己的渴望、做出真诚的决定、准备好过一种有意义的生活后，杰克就开始朝着他真正渴望的生活迈进了。他开始约束自己在生意上的鲁莽行为，仔细斟酌各项支出，并开始花更多时间和支持他的新朋友在一起——他们欣赏真实的杰克，而非他拥有的物质财富。杰克遇到的一些人还对他浅薄的生活方式提出了质疑。他改变了业务重心，从仅追求完成交易变为真正享受与客户的交往。当杰克展现出天生的亲和力与幽默感，客户们开始期待他的来访。杰克不再假装富有，而是按照自己的模式去追求更充实的生活，在充满回报和肯定的生活中找到了真正的财富。

中途倒退

然而，过了一段时间，杰克开始莫名其妙地做一些影响他充实生活的事情。他开始一个人待着，不再与朋友聚会。他在滑雪时挑战危险路线，又开始大手大脚花钱。杰克开始用新的软瘾——比如沉溺于上网——来代替他已经养成习惯的积极活动。

发生了什么？生活给予了杰克许多他梦寐以求的东西，但他却对所有回报置之不理。虽然杰克喜欢那种快乐、幸福和与精神世界更深层次的联系，但他在停止麻痹自己感官的软瘾行为时，并没有准备好迎接意识的提升和情绪的冲击。他开始敏锐地感受到痛苦、恐惧和愤怒。在愤怒的时候，杰克无法再维持过去软瘾带给他的那种虚假平静了。

他被改变带来的新的亲密感吓坏了，于是离开了他的新朋友，又开始和那些胆大妄为、追求新潮的朋友们泡在一起。他就像离开了地球一样，再也不回那些支持他的朋友们的电话。

杰克最热心的朋友、给了他最大支持的帕特里夏上门来找他。一开始杰克不想见她，但她不肯离开，坚持要他开门。他们聊了起来。杰克表示他并不是真想改变，这种新生活很愚蠢，他在努力丰富精神世界的尝试之前就过得更好了。很长一段时间里，帕特里夏只是听他诉说。然后她开始耐心地询问杰克关于他的选择的问题。

实现突破

渐渐地，杰克开始自己意识到自己恐慌的原因。在向帕特里夏承认自己的恐惧后，他放松了下来。他发现自己并不坏，也并非软弱，只是在害怕，且没有准备好应对这种恐惧。他再次表现出了对学习、成长和追求充实的意愿。在帕特里夏的帮助下，杰克回想起自己的核心决定，想起了他创造的高质量生活带给他的快乐，包括他和帕特里夏之间温暖的友谊。在这样一个时刻，他承认，虽然他深深想念她，但当她如此无私地向他展现出温暖和关心，他还是会觉得不舒服或自己不值得。他不认为这是他应得的。他发现自己被充实的新生活和温暖的友谊吓到了。

因此，杰克的崩溃成了一个突破的机会。在意识到发生了什么后，他顿悟了。杰克曾用软瘾来掩饰自己的情绪。当他努力摆脱这些软瘾，开始创造一种更有意义、更多联系的生活——他想要的生活时，被深深埋藏的感受浮出水面，但它们并不都是快乐的。看到自己经历了可以预见的高潮和低谷后，杰克接纳了自我，重新调整了核心决定，并发现了更多的精神需求——安全感和信任。带着这些渴望，他开始学习用更直接的方式与人们打交道的技巧。比如，他学会了多谈论自己的感受，这样别人就会给予他支持和安慰。他开始和更有生活热情、更容易接近而不仅仅是外表漂亮的异性约会。他和每个人分享了更多，也期望得到更多的回报。

回首往事，杰克能够把自己走过的弯路视为一种学习中必要的经验。他明白，要处理所谓的"情绪超载"，需要用到他还不具备的技能。如果没有走过这些弯路，他就不会意识到自己的消极信念，也没有机会改变它们。对自己可能会遇到挫折的了解让他能够应对未来的挑战，在出现问题时更快地回到正轨上，甚至从挑战中学习。

把障碍变成突破

当你遵循这条通往更充实生活的道路的规则时，你就可以把每一次失败变成突破。每次在进步中途倒退时，你都有机会更了解自己，并确定你需要学习的新技能。在帕特里夏的帮助下，杰克扭转了局面，而在此之前，他的情况看起来相当糟糕。杰克不知道挫折是成长和变化过程中正常的一部分。所以，当他开始以一种不熟悉

> 阻碍你前进的事物可能会带你去一个新的地方。
> ——美国舞蹈家
> 莎拉·伊斯特·约翰逊
> （Sarah East Johnson）

的方式去感受和行事时,他就会认为是出了什么问题。

其实并没有什么问题。一个孩子在找到平衡和掌握走路的新技能之前会跌倒很多次。如果每个孩子都等到不会摔跤才开始走路,那我们一辈子都只能爬了。同样,当我们学会过更高尚、更复杂、更不可预测的生活时,挫折就是可以预见的失误。

杰克从挫折中学会了预见更多的起起落落,并在前进不顺利时对自己感到同情。挫折既不代表一蹶不振,也不是放弃的借口或理由。它们会指出我们成长过程中的弱点,让我们得以发展特殊的技能来给自己支持。

> **更多思考**
>
> 你是否有过把失败神奇地变成机遇的经历?仔细想想,你是否相信这句谚语:一扇门关上时,另一扇门会打开?

当你发现自己软瘾复发的动因,或者挖掘出导致你旧态复萌的潜在渴望时,你就剥开了那一层层模糊了更深刻、更本质的自我与内在动机的茧。你会获得更多关于你生活的数据,会看到更多你需要学习的东西。记住,这场比赛的胜利在于意识。你意识越强,学到的就越多,就会赢得比赛。

通往充实的道路上的挑战

杰克的影子或多或少地出现在我们每个人身上。其特点包括对未知的恐惧,在面对未知时停摆、退缩,以及在一段时间内迷失方向。挑战有多种形式,但以下这三种形式是最常见的。记住它们,让我们看看杰克在关键时刻是如何走上弯路的。

挑战1：更多感受

我们如果能成功地摆脱软瘾，就能成功地挖掘出更多感受——愉快的和难过的，但最重要的是强烈的——这些感受与我们在软瘾生活中梦游时体验到的麻木、沉默的感受完全不同。有时候，在向目标前进的路上，我们的软瘾复发，为的是使刚刚发现的感受变得麻木。你如果消极地看待感受，可能会发现自己掉进了这个陷阱。释放我们对情绪的消极信念，学会与我们的情绪相处，与它们成为朋友，表达和解决它们，是通往我们梦想中更充实的生活最关键的途径之一。

> 永远不要为表达感受而道歉。当你这样做的时候，你就是在为事实道歉。
> ——英国前首相
> 本杰明·迪斯雷利
> （Benjamin Disraeli）

挑战2：未知领域

软瘾是一种习惯，能让我们一直处在已知和可预见的情况中。通往充实的道路是一条通往未知的道路、一条变革的道路。进入未知世界可能会让人感到难以承受和受到威胁，特别是当我们没有做好准备也没有发展出强大的导航技能时。没有了软瘾做习惯，我们会体验到变化和不确定性，以及非常不同的空间感和时间感。这个未知的新领域也可以提供许多令人振奋和充满活力的经验。然而，我们需要新的技能来应对未知。

> 我已经接受了恐惧，尤其对改变的恐惧是生活的一部分的事实……尽管我的心在怦怦直跳，告诉我要回头，但我还是勇往直前。
> ——美国作家艾瑞卡·琼
> （Erica Jong）

挑战3：你对自我价值的信念

在创造更充实的生活时，你对自我价值的信念会受到挑战。如果你觉得自己不配，就很难再追求更充实的生活。具有讽刺意味的是，你的成功可能会暴露你的某些错误的、无意识的信念——你没有价值、不够格、不被爱或不值得被爱。

我们渴望成功,却没有意识到胜利和挫折一样会导致动荡。在这段旅程中,庆祝和沮丧的泪水同样可能出现,也同样令人不安。杰克之所以故态复萌,是因为成功带给他的全部感受让他感到不适。他重拾软瘾,正是为了在情绪上感到好受点儿。

> 你相信自己应该拥有多少东西,你的收获的极限就是多少。
>
> ——美国作家 詹姆斯·R. 鲍尔(James R. Ball)

软瘾经验谈

康纳:和我的妻子不一样,我成长在一个得过且过的蓝领社区。当我开始摆脱软瘾、创造新生活时,我取得了巨大的成功——但后来我遇到了瓶颈。我在创业后赚到的钱比我梦想中的五倍还多。我和我的孩子和妻子比以往任何时候都要亲近。但我意识到,我不是很习惯这么大的成功。我一直把自己看作来自贫民世界的孩子,但我突然间来到了另一个世界,这让我很害怕。我有几个朋友始终在支持着我,虽然我经常会和他们发生争执。他们告诉我,我得到的一切都是我应得的。在我不知道自己该做什么的时候,他们会提醒我。

通往更充实生活的道路上的"爆胎"

不是所有人都像杰克那样经历过"爆胎"的情况。我们更有可能陷入困境,停滞不前或者倒退,然后唤醒自己,再次行动起来。当生活方式的改变带来的影响让我们无法承受时,就会发生爆胎,这种极端的、不稳定的反应是由重新体验过去的经历、重新唤醒被埋藏的恐惧或释放过去的痛苦引起的。它们很少是可预测的，往往出现在获得高水平的成就之后。通常，爆胎是对彻底重新定义自我的一种反应，当我们超越自己所知的范围时，这种反应就会发生。

> **更多思考**
>
> 你经历过困境、崩溃、倒退或爆胎吗？现在你的生活中有什么障碍吗？你可以利用什么资源来跨越这些障碍？

对杰克来说，改变对自己的定义无异于一种威胁。从漫不经心、夸夸其谈、冷酷无情、交友广泛，到开始更深入地投资自己和他人、更加真诚并真正允许周围人接近自己，是一种挑战。杰克认为自己既可以成为一个有竞争力的生意人，也可以做一个真心的朋友。他的新朋友给他的支持证明了他可以彻底地改变自己。如此高的期望，再加上杰克相对不成熟的生活技能和新出现的情绪，实在太让他难以承受。当一个人与自己的感受没有很强大的联系时，爆胎是最容易发生的。他们可能不愿意面对生活中的这一新力量，会选择惊慌和逃离。

按准则行事

按准则行事并不意味着你永远不会在追求充实的时候遇到困难。但它们可以缓解倒退情况，或者缩短你在迷失方向时努力回到正轨上的时间。

准则1：做好准备

在任何冒险中取得成功的人通常都是做过充分准备的。不要欺骗自己。不管事情当前的进展有多好，成功道上总会遇到挫折和停滞。我从环球旅行的经历中学到，关键是预见问题，因为我经常会遇到意想不到的事。然而，如果我准备充分，我通常有足够的工具和资源来应对意外。

在美国和平队成立早期，人们发现有近一半志愿者在为期两年的海外任务过程中过早地退出了。研究表明，这些志愿者没有对新环境带来的挑战做好充分准备。当和平队增加了一些课程，教志愿者在进入一种陌生文化后预见并解决可能出现的问题后，过早退出者便寥寥无几了。后来，和平队因为预算削减而放弃了这项训练，志愿者过早退出的情况又增加了。换句话说，要做好准备，不要在短时间内接收过多信息的轰炸。如果你没有为你的事业之屋打下坚实的基础，它很容易倒塌。

例如，杰克就没有为自己遇到的问题做好准备。当他戒掉软瘾、改变了自己的生活时，他就像一个初次踏入陌生情感领域的游客一样。他熟悉的路标不见了，周围的一切看起来都不一样了，感觉也不一样了，似乎在按不同的规则运作。杰克没有预料到自己每天体验的新情绪，所以没有准备好工具来理解或照顾处于脆弱状态的自己。

就像一名前往陌生目的地的游客，杰克本可以通过接受培训或与有过此类经历的人交谈来做准备。他甚至可以选择与一个朋友定期联系，以获得信息和安慰。杰克选择独自面对所有，这提高了他软瘾复发的可能，毕竟他已经被改变后的新生活吓到了。

准则2：不要恐慌

如果你发现自己的软瘾复发了，或者你做了一些与你所创造的愿景相去甚远的事情，不要恐慌。退步和挫折是这个过程的一部分。明确这一点后，你就会为你将要面对的一个巨大的情感挑战——处理你的恐惧做好准备。

杰克恐慌的表现是软瘾复发。杰克不愿承认自己的恐惧和不安，直到帕特里夏帮他看清楚，他才知道自己出现了问题。

我们的恐惧越强，旧习惯和思考对我们的吸引力就会越强，让我们越不理智。杰克的恐惧强烈到甚至让他不想去听他深深关怀的人说话。对他来说最重要的事就是让自己平静下来，他愿意不惜一切代价实现这一点。

我们如果不正视自己的恐慌，它就会控制我们。接受让我们害怕的事情就像在床底下放一盏灯。我们心目中可怕的怪物其实不过是我们自己的想象。和别人一起讨论我们最害怕的事情也能让我们感到安心，这是因为我们会发现自己并不孤单。每个人都会害怕，而且通常害怕的对象都是类似的。

准则 3：寻求帮助

比起寻求帮助，杰克似乎在逃避帮助。可能他想都没想过要这么做。还记得我们之前讨论过的支持吗？如果你在旅途中遇到危险，这时你就需要获得支持了。开始时，你可能不太需要别人的支持，但一定要在那时让自己对寻求指导和帮助感到习惯。你如果一直拥有别人的支持，在最需要的时候就不用临时去寻找了。众所周知，男性在迷路时不愿问路是出了名的，女性会因没有充分寻求帮助而感到内疚。我们在莱特研究院设立了支持小组，为人们提供愿景，并帮助他们坚持自己的目标。不然在我们最需要的时候，完全靠自己去寻求支持，结果可能不太理想。

当我们谈到支持时，你要仔细考虑你该向谁求助。必须强调的是，你应该向那些真正支持你、赋予你力量的人，而不是那些在你需要指导时让你泄气的人求助。有些人在察觉你的脆弱后甚至可能会利用它来妨碍你进步。杰克的恐惧让他离开了通往更充实生活的道路，直到帕特里夏重新唤醒了他学习、成长和追求的意愿。

如果有人让我们抬起一块巨大的石头或树干，我们会毫不犹豫地寻求别人的帮助。然而，面对巨大的情绪负担，我们却常常试图独自承受。我们如果去一个新的国家旅行，要做的第一件事就是找路。但是我们却认为我们应该不借助任何人的援手改变我们的生活，建立新的关系。

承认"我只是不知道该怎么办"是很难的。作为成年人，我们认为找到答案是我们的职责。杰克以他理想中的生活为目标持续冒险，却感到越来越脆弱。他认为每个人都比他更懂得生活。寻求帮助的有趣之处在于，我们经常发现别人和我们一样会感到脆弱——而在这种共同的脆弱中,我们开始给予彼此奇妙的支持。

软瘾经验谈

西蒙: 我加入了一个充实生活小组,和其他人互助,在通往愿景的道路上持续前行。这种感觉很有趣,因为我每周都会努力做一些微不足道但可行的活动,但其中很多在小组聚会之前就已经完成了,因为我知道小组成员会督促我负起责任来。有一次,我承诺一周锻炼两次,但在要开会的时候还没有完成。于是我早上去锻炼,然后骑自行车而不是开车去开会。可以说,我找到了一种新的锻炼方式。

准则 4:继续前进

杰克不仅没能继续前进,也缺乏一套帮助他坚持下去并提醒他失败危险的机制。即使感觉自己在后退,你也要继续前进,这才是最重要的。你只要坚持做好自己该做的事,也许就会在下个路口遇到帮助你的人。

> 你即使在正确的轨道上,如果只是坐在那里,也会被车撞倒。
> ——美国演员威尔·罗杰斯
> (Will Rogers)

坚持你的目标,即使不得不重新开始。在你的公式中设定一些简单的行动,使之成为日常习惯。支持你新的生活方式。你可能会时不时地走上弯路,但那又怎样?每个人都如此。掸掉身上的灰尘,继续前进。

杰克可以设计一些习惯来抵抗软瘾,自己帮助自己。例如,他晚上可以和朋友一起锻炼,就不会有闲工夫上网了。此外,他的另一个错误是与支持他的朋友失去联系。即

> 永远,永远,永远不要放弃。
> ——英国前首相温斯顿·丘吉尔
> (Winston Churchill)

使倒退或陷入困境，你也要坚持自己的准则。即使看起来毫无意义，也要坚持下去。只要有耐心，你的努力就有可能得到回报。最终，你的目标会变得更明确，然后，你的决心会得到巩固。

准则 5：一路学习，一路成长

你无论在人生的道路上走到哪里，都会发现值得学习的课程或值得欣赏的风景，尤其是感到陷入困境、崩溃或惊慌失措时。你总是可以吸收新的信息。学习意味着今天知道你昨天还不知道的事，成长就是培养能力去做那些不具备某种经验就不可能做到的事。学习和成长使我们更有韧性，更能应对道路上的挫折。能够看到每一次打击、弯路、死胡同和倒退带来的教训是需要技巧的。本书后面有一些练习，能帮助你注意和记录你的学习进程以及你是如何成长的，让进步成为你日常生活的一部分。

更多行动

每天写成长日记。写下你遇到的挑战、学到的教训、发展的技能或者未来需要进行的活动。

我们之所以会崩溃，根源是我们难以接受自己。在最深的层面上，这是一个信仰而非心理问题，是一个关于我们对自己在世界上的地位的看法的问题。我们周围的环境是可爱的吗？有的人比其他人更能提供价值吗？我值得过伟大的人生吗？

本书的下一章将介绍改变我们对自己在世界上所处位置的信念的关键。它揭示了我对真实情感表达和我们值得被爱的信念的来源。在下一章，和我一起探索四种充满爱和改变的真理，并发现它们如何激励和支持我们每个人走向更充实的生活吧。

第 11 章

关于爱的四大真理

通往更充实生活的道路是一条精神之路。沿着这条路走下去，你会发现生活的真谛，就像我一样。

在一次和鲍勃前往法国的旅程中，我坐在巴黎路边的一家咖啡馆里，在电脑上打字时，一些简单而深刻的真理突然出现在我的脑海里。我称它们为"爱的四大真理"，无论我进入瓶颈还是登上创造力的顶峰，它们都对我产生了帮助。当我怀疑自己或迷失方向时，它们会指引我回到正轨。当我挣扎的时候，它们让我找回了自我。当我需要灵感的时候，它们会告诉我为什么要走这条路。当我遵循这些真理生活时，我自然不再需要依赖软瘾。因为我有了支撑我的精神力量。

当你认识到并遵循这些真理时，你会发现你的生活质量发生了变化，更充实也更有归属感。即使你不相信它们，你也可以从中受益。你只需要像相信它们是真的那样遵循它们就可以。当你遵循这些真理并在你的生活中接受更多的可能性，你就更容易摆脱软瘾。在运用前文介绍的八项关键技能时，你会更深刻地体会到这些真理的力量。

前文已经告诉你，对自己的感受和自我价值的错误观念会导致偏颇想法，让你走上弯路。遵循这四个真理会帮助你纠正这些错误观念。遵照这些真理而不是错误观念生活可以减少你对软瘾的需求。

现在让我们来了解这些真理，发现它们所提供的灵感，看看你可以如何遵循它们来生活。

第一个真理：你是被爱的

你获得的爱其实超出了你自己的想象。你可能感受不到，不知道甚至不相信你被爱着，但这是事实。你是这个充满爱的宇宙里的一个被爱的孩子。你做什么都不能让爱消失，因为这是你与生俱来的权利。还有什么比被爱更让我们渴望的吗？还有什么比可能不被爱更让我们害怕的吗？我们的恐惧是没有根据的。我们最想要的东西，我们已经有了。爱是丰富的。是我们阻碍了自己接受爱，是我们相信我们不被爱或不可爱，是我们感觉好像永远得不到足够多的爱。

当你遵循这个真理生活时，你就会体验到完全的满足，发现你的生活开始发生变化。

我们可以把我们的痛苦归咎于对我们不被爱和不可爱的盲信。我们认为我们必须靠努力去赢得爱，觉得自己不够好、不够完美，因此不足以被爱。没有什么比这更离谱的了。爱不是可以靠努力获取的。它是我们所有人在任何时候都可以获得的丰富资源。

不是爱无法被得到，而是我们无法去爱。

我们渴望被爱、误以为自己不被爱的错误观念正是让我们在软瘾中寻求安慰的元凶。我们以为自己如果获得了拉风的新车或高级服饰就会更可爱，以为自己如果参与八卦、讨论别人的秘密，别人就会认为我们有价值。我们每天锻炼几个小时，为的就是使自己足够健康可爱。我们感到不被爱，于是用软瘾来缓解这种感觉，压抑我们的渴望。我们在互联网上寻找虚无的联系。我们超支，暴饮暴食，索取、囤积、收集各种东西，投身过多的活动。我们对爱的错误观念影响了我们生活的方方面面，也影响了我们周围人的生活。

我们中的许多人在小时候都没有得到需要或想得到的关注和照顾。我们可能已经认定了我们不被爱、不可爱或者没有得到足够的爱。虽然这些结论从过去的角度看是可以理解的，但它们不必成为我们今后的行为准则。仅仅因为一些人在我们的早期生活中不善于向我们展示爱和关注，并不意味着我们必须认定我们不被爱。我们可以做出更好的选择。

爱的第一个真理纠正了我们不值得爱和不被爱的错误观念。以这个真理为宗旨生活时，我们就不需要为了被爱而去追求让我们足够酷、足够聪明、足够好看、足够富有或足够健康的方法了。当我们感到忧郁或孤独时，我们可以向我们被爱这样更伟大的事实敞开心扉，而不需要投身于麻痹感官的不良嗜好中。

与普遍的错误观念相反，被爱不是一种感觉，而是一个决定。拥有爱你的人并不是解决感到不满足、无价值和痛苦的灵丹妙药。例如，我知道我被爱着，但我并不会一直都感觉被爱着。我的丈夫深深地爱着我，每天都告诉我这件事。他相信我，并尽他所能帮助我实现我的梦想。他赞美我本人（每天都说我"棒极了"），赞美我的成功，欣赏我的生活方式，给我真实的反馈，让我朝着自己的理想前进，并以多种方式表达他对我的爱。让我难过的是，我并不总是对他的关心敞开心扉，或者有时，我也没有完全理解他对我深刻的感情。

识别一种感受并赋予其意义是一种偏颇想法，被称为"情感推理"。我没有感受到爱，因此我没有被爱，这是一种偏颇想法。正确的想法是：我被爱着，只是现在没有感觉到而已。

我们常常对"什么才算被爱"这个问题有不切实际的想象。我们会认为，"他如果爱我，会买这个给我""她如果爱我，会懂我的想法"或者"如果有人爱我，我的感觉应该像站在世界之巅一样"。我们有心目中爱的样子和感觉的模板，当现实与它们不匹配时，我们就认定我们不被爱。例如，如果我认为爱总是温柔和善良的，当我丈夫为了某件事毫不留情地揭穿我时，我就会错过他倾泻而出的爱和关心。即使事情看起来或感觉与你理想中被爱的状态不一样，爱却常常是存在的。

当我们认定我们被爱的时候，我们会开始寻找爱的证据。由于自我实现预言的力量，我们倾向于以确认我们当前信念的方式行事。如果我们改变信念或行动，我们就可以改变这个循环。当你做出这些改变时，你会感受到更多的接纳、爱和希望。即使你现在似乎感觉不到，你仍然会看到爱存在的证据。你甚至可能吸引更多的尊重和积极的关注，因为你的信念系统转变了，因为你认为自己是被爱的，也值得被爱。

通过重新定义爱，你会发现爱不仅仅是浪漫。爱是互相关心，是心灵相通。被爱的证据广泛存在，可以是配偶充满爱意的表情、父母严厉的训诫、别人主动帮你做的小事、同事在得知你母亲摔倒后对她伤势的关心、老板给你的强硬但有建设性的反馈。

简单的快乐和珍惜快乐的能力也可以是爱的象征。你可以在大自然给你的礼物中看到自己被爱的证据——壮丽的日落、纯净的雨水、闪烁的极光、春天早晨水仙花的脸庞或者黎明时鸟儿的啁啾。爱也可以来自人类自身的魔力——一场比赛的胜利、一顿精心准备的饭菜、一幅莫奈的画、一位手艺高超的木匠的杰作、你的助手完美完成的工作……这些都可以被看作爱的表现。

第二个真理：痛苦留下的财富是爱与平静

伴随着你的痛苦而到来的往往还有爱与平静的馈赠。当你敞开心扉去感受痛苦，你也就做好了充分的准备去接受爱与平静。平静是随着痛苦而来的，就像阳光会紧跟着风暴。当电荷积聚并被释放出来，一切终将归于平静。悲伤像大雨一样洗净你的心，留下爱与平静。当痛苦消退，爱与平静会大量涌进它为你准备好的温柔的避难所。

我们错误地认为痛苦是爱的对立面。我们没有意识到，痛苦和其他情感实际上会导致爱的产生，也可以被视为爱的一部分。此外，平静代表的不是没有痛苦，而是接受和表达痛苦的行为带来的结果。平静只是在等待表达。只有当我们表达出心中所想时，平静才会到来。

我们内心的平静并不以环境完美或不存在冲突的状况为前提。如果我们能深入内心，释放我们的痛苦，即使在混乱和不安中，我们也能体验到平静。当我们向内心的感受敞开心扉时，我们就发现了自己。了解自己的内心状态使我们更靠近自己，也更靠近他人。当我们与自己接触时，我们能感受到真正的平静。

我们对痛苦的错误观念导致了痛苦。我们抗拒痛苦，认为它有问题，或者觉得自己受到了伤害。我们也可能认为自己无法承受疼痛。结果，我们掩盖了自己的痛苦，表现得很"酷"，或者用软瘾麻痹了受到的伤害。通过抗拒痛苦，我们反而制造了一种痛苦的状态，而不是对真正痛苦的深度疗愈。我们制造了内心的不安和焦虑。我们不能全身心地感受到我们的痛苦，也就不能释放它。

痛苦不同于折磨：痛苦是不可避免的，而折磨是可以选择的。每个人都会感到痛苦、悲伤和受伤。当我们对自己的感受有些情绪，当我们一次又一次重温自己的痛苦时，折磨就出现了。我们为自己感到难过是因为我们受伤了，或者我们生气是因为有人伤害了我们。我们是为自己感到难过而难过。我们常常不能直接解决痛苦，因为痛苦一直没有被我们意识到。我们内心很痛苦，却只感觉到一种模糊的不安。折磨只是表面现象。我们没有完全释放内心的感觉，而是在用我们的软瘾来在表面上抵抗它。我们会感到忧郁、暴躁、愤怒，或者可能做出不恰当的行为。

我们沉迷于那些能减轻痛苦的软瘾并不奇怪，即使这意味着放弃爱与平静。我们做出这种可怕的牺牲，是因为我们抗拒痛苦，错误地认为痛苦是丑陋的，让我们变得不可爱。事实正好相反。如果不分享我们的情感，我们就不会感到被看见、被接受和被爱，而分享我们的情感就意味着接受我们的痛苦。

接受和表达痛苦是至关重要的。不管你是用话语、大哭、啜泣还是其他任何方式来表达它，它都终将为你带来平静。理想情况下，你的表达方式会与你的痛苦程度相匹配。换句话说，大哭和啜泣是不同的表达方式。后者可能无法释放足够的痛苦来达成平静。观察一下婴儿，看看他们是如何释放情感、给自己带来平静的。婴儿感到不安时会大哭，于是彻底地释放了情绪。然后，他们马上就会笑了，直到下一波情绪袭来。条件允许时，成年人也可以这样。

只有一颗勇于面对痛苦的心才能获得亲密和爱。一颗会表达痛苦的心也会表达爱。爱与平静是痛苦的馈赠。当我们分享我们的痛苦时，我们会向对他人的爱、对自己的爱、对世界的爱敞开心扉。

第三个真理：感受是神圣和值得尊敬的

你内心深处有一套深刻而敏感的编码，旨在为你提供细致的信息，引导你采取正确的行动，保护你，引导你找到快乐、体验亲密。你的感受表达了你灵魂最深处的真实想法。只有通过感受，你才能体验精神和生命伟大的本质。情感是人类的通用语言，是心灵交流的管道，超越我们的外在差异，将我们与全体人类联系在一起。

我们在放肆大哭、疯狂大笑、愤怒大叫、在恐惧中颤抖、带着爱意伸出手、在欢乐的泡沫中飘浮时是最富有人性和生命力的。感受这些感受，定义它们，与它们保持实时的联结，才是通向充实生活的道路。

我们的感受会引导我们走向快乐，提醒我们直面痛苦，让我们远离危险，并使我们获得满足。当我们否认自己的情绪时，我们会变得沮丧、焦虑甚至身体不适。我们可能会表现出不恰当的行为，而不是负责任地表达我们的情绪。伤人、刻薄、恶意或不负责任都是我们滥用情绪的例子。更糟糕的是，这种逃避感受的态度会让我们错过隐藏在我们感受中的智慧和活力。我们失去了内在的能量流动。我们错过了与自己的心灵、他人的心灵、精神世界的联系。当我们误解感受或切断与感受的联系时，我们就失去了利用它们进入下一个探索阶段的能力。

情绪的表达往往会让我们对自己的身份有新的认识。随着情绪波动，我们有了新的理解，表达了此前没有意识到的感受。有时候，我们不开始表达自己的感受，就不会知道自己在想什么，或者无法定义自己的内心。我们的表达会引领我们进入一个新的领域，在那里实现脱胎换骨的改变。这个过程让我们免于停滞不前，免于重复同样的想法和反应。这是我们成长的方式。它在帮助我们创造自我。

没有情感，我们就不能被称为人。我们的情感把我们和其他人联系在一起。我们会通过情感了解自己和其他人。我们可能没有共同的信仰或相同的思想，但情感是全人类的语言，可以超越文化、信仰、种族、年龄、性别或任何人为的界线。我们所有人都同样在内心深处体验痛苦、希望、爱、悲伤和快乐。

我们的感受真实地表达了我们最深处的自我。它们揭示并定义了我们。它们引导我们去表达、去疗愈、去联结、去崇拜、去爱，并塑造了我们最具人性和最神圣的自我。

第四个真理：每个人都有可以发展和利用的天赋

你被赋予的天赋是可以让世界更美好的。我们每个人都具备独特的天赋，每一种都是有价值的。你发挥你的天赋时，实际上是在发挥一种依靠你而存在的能力。去发现、发展和贡献你的天赋，做出你对这个星球的特殊贡献吧。放大和表现你被赋予的天赋，是你最有价值的任务。一旦我们共同开发和利用我们的天赋，这个世界将变得更加和谐。

接受每个人都有天赋这一事实后，我们就可以加入探索之旅去发现它们。我们不需要被"我没有天赋""别人都是特殊的，只有我没有长处"这类错误的信念限制，或是反过来把天赋当作值得炫耀的本钱。

我们如果相信自己缺乏真正的天赋，或是没有什么可以贡献给社会，就会感到痛苦和空虚，而我们常常对这种空虚有一种软瘾。我们对失败的恐惧和追求完美的态度阻碍了我们全身心地投入生活。为了让自己从恐惧中解脱，我们愿意浑浑噩噩地度日。如果我们认为自己没什么可贡献的，我们就不会全身心投入生活，而会在软瘾中寻求慰藉。我们只有全心投入生活后才能发现自己的天赋，所以我们可能错过发现那些我们自带的天赋的机会。

我们的天赋可以是任何方面的，从对艺术的到对机械的。无论是对园艺的爱好、一颗能产生情感共鸣的心、一种治愈他人的能力、一种有感染力的幽默感、解决电脑故障的能力、为别人提供支持的朋友还是一个善于张罗聚会的女主人或一流的活动组织者，我们每个人都有许多天赋，能通过许多方式来为这个世界做出贡献。

你可以通过寻找、发展和奉献你的天赋的方法来学习引导你的生活。当你看到生活中新的可能性时，你会认识到可以做出贡献的多种方式。然后，你便有机会提供独特的经验、思维方式、洞察力、知识、技能和智慧。你充满激情地生活着，不断扩展和分享你的天赋。

未能认识到和发展我们的天赋，也许是软瘾让我们付出的最大代价。当我们做出核心决定后，我们就会通过提高意识水平的方式开始摆脱生活中的软瘾。自由会帮我们释放潜能。当我们认为我们有天赋时，我们就会开始发掘它们。我们更愿意通过尝试不同的事情来发现我们的天赋和能力。我们一旦看到自己的潜力，就会为学习、实践和磨炼自己的天赋而感到更加自豪，也就更能容忍学习之路上的磕磕绊绊。当我们接受这第四个真理时，我们开始意识到可以如何为社区和世界做出贡献。我们都渴望有所作为，而发展和利用我们的天赋就给了我们这样的机会。

我们的天赋不该局限于对天赋的传统定义——艺术天赋、运动天赋等之中。它们源于我们的感觉和观点、我们的本质。你的天赋也许是你在生活陷入困境时产生的共情力，也许是看到别人最好一面的能力。也许你能让别人开怀大笑，或者跟着内心的节奏跳舞。也许你有一个神秘的灵魂或一腔坚定的意志。也许你有完成某些事的动力。也许你值得信赖。也许你的天赋是组织活动、打扫卫生、美化空间、修理电器、平息争吵或激发他人的天赋。你做出的任何贡献都可算一种天赋。

我们一旦看到每个人都有天赋，就知道我们不必事事都擅长。我们可以充分利用别人的天赋。你的配偶拥有你缺乏的天赋。你的同事需要你拥有的技能来完成他的项目，而他有你需要的与其他部门沟通的才能。我们的团队和伙伴关系成为创造力的中心，每个人都奉献出自己独特的天赋。我们开始渴望多元化，因为它能给我们带来更多。其他人拥有我们不具备的观点、背景和技能，可以与我们互补。

你可以通过发展和分享你的天赋实现成长。你会拥有更多技能，也会更有成就感。你会创造出一些新事物，带到世界上。你通过天赋表达的创造力会赋予你生命的意义，也会赋予你所接触到的人生命的意义。

遵循爱的四大真理

爱的四大真理阐明了为什么我们会有精神需求。就像我们感觉到身体的饥饿，因此靠吃东西来维持身体机能一样，我们有精神需求，因此才会寻求营养，使我们的灵魂得到养分。当我们沿着我们渴望的生活之路前行时，我们就会明白软瘾和精神养分之间的区别。

我希望这爱的四大真理能在你的旅程中激励你。告诉你生活还可以更充实，你还可以获得更多的爱、意识、能量、资源、满足、贡献、联系、感受、生活体验、冒险和发现。爱的四大真理是充实生活的本质。它们为这本书的每一章节提供了信息和灵感。愿它们激励你，并指引你走过伟大旅程的每一个阶段。

结 语

对充实的伟大追求

> 我们之所以奋斗,是因为我们的心要求我们这样做。在英雄时代,也就是骑士身穿盔甲的时代,这很容易做到。毕竟有许多土地要征服,有许多事情要做。然而今天,世界已经改变了很多,正义的战斗已经从真实的战场转移到了我们内心的战场上。
>
> ——保罗·科埃略

受爱的四大真理启发,用新的技能把自己武装起来,并意识到可能的错误后,你现在已经准备好来到更充实的领域。就像任何史诗般的旅程一样,它充满了困难,也充满了巨额回报。这是一段伟大的旅程,一段造就英雄的旅程。

在神话和寓言中,英雄们总是通过冒险去发现自己的道路。他们不走寻常路。他们寻找值得自己努力的事物,并在不断的考验中证明自己的勇气。他们并不总能取得胜利,但他们一直在探索、学习、发展和成长。这种经典的英雄旅程与你将要进行的任务非常相似。

这条路等待着的并不是少数人,而是每个人。踏上这条路后,生活就会变成一场冒险,而不是一连串麻木的习惯。追求更充实的生活需要特殊的性格和勇气，而这个过程本身就有助于培养这些积极的品质。从你做出核心决定的那一刻起，你就开始了伟大的旅程。

推崇摆脱束缚的勇气

在我帮助人们摆脱软瘾的过程中，最困难的部分就是帮助他们理解，有意识地活在一个基本上由无意识支配的世界里是多么勇敢——当有那么多轻松的生活方式在诱惑着你时，要活得深刻是多么勇敢。拒绝虚假的承诺，选择你内心的渴望，才能造就英雄。而这需要你放弃根深蒂固的行为模式，大胆地进入一种新的生活。这些选择可以帮助你培养性格的力量，而做出有意识的选择也需要个性。

> 英雄们经历旅程，直面恶龙，并发现真实自我的宝藏。
> ——美国励志作家
> 卡罗尔·皮尔森
> （Carol Pearson）

在一个承诺只要我们买对东西就能过上理想生活的社会里，在一个高效被吹捧为所有疾病的万灵药的社会里，我们不断受到诱惑的轰炸。在这些诱惑面前庆祝小小的胜利并不是自我陶醉的表现。事实上，这是势在必行的。不要认为这些胜利是理所当然的，即使它们看起来微不足道。要意识到自己做出的每一个积极选择并为之感到庆幸，因为你的选择的影响比你想象中大得多。一个让我们偏离轨道的选择会让我们走上充满其他糟糕选择的轨道，导致我们的前景呈螺旋式下降的趋势。相反，与我们的核心决定保持一致的积极选择会使我们更有可能取得下一个成功，并使我们不断进步。

每一个帮助我们螺旋式上升的选择都是一种胜利，带给我们更多的光明、灵感和意识。它们让我们朝着积极生活更进一步。所以我会认为，想吃三个甜甜圈却只吃了两个是一种胜利。看完一个节目后就关掉电视是一次巨大的成功。关掉你的电脑、手机或掌上电脑，即使只是一小会儿，也是一件大事。放弃你忍不住想购买的东西，打电话给朋友而不是坐在电脑前，走出家门去听讲座或参加活动而不是一个人闷着，这些都是战斗的胜利，需要得到尊重。

每次成功都值得一次庆祝。没有哪次进步是太小或微不足道的。每一个充实你生活的行为都是一次重大的胜利。为绕过你最喜欢的咖啡馆而走另一条路是一次胜利。吃了半块而不是整块糖也是一次胜利。沉醉于阅读伟大的文学作品而不是八卦杂志更是一次胜利。上班前选择去公园散步以减少泡在网上的时间是一次值得你庆祝的胜利。当你购买鲜花，为你的生活增添了美并尽情享受它时，你应该感到高兴。早上穿好衣服，听一听振奋人心的音乐，你也应该感到欢愉。

"我选择了向左而不是向右转！"辛迪兴奋地宣布。除了她，没有人知道这是一项巨大的成就。这位有两个孩子的30岁母亲是一个强迫性的购物狂，她解释说："我每次开车经过那条路都会右转去购物中心，买些东西再回家。这一次，我在停车标志前犹豫了很长一段时间，挣扎着，我的手准备转方向盘……但我却向左转回家了！这是一个重大胜利！我听从了肩上的小天使而不是小恶魔对我说的话！"

这就是英雄的特质——抵抗诱惑的力量，并对让生活更充实的要求做出回应。

光明与黑暗之战

拥有解决软瘾的技巧后，就开始准备为更有意义的生活而奋斗吧。虽然这场战争的武器是幽默、同情、理解、爱和自省，但不要欺骗自己，这仍然是一场战争。你正在进行一场光明与黑暗、意识与无意识、生与死的战斗。这是一场持久的战斗，需要警觉和毅力。你的软瘾"恶魔"不会轻易投降。虽然你不会场场战役都胜利，但你可以在整体上赢得这场战争。

在这场战争中，不要低估你的软瘾让你在无意识中变得脆弱的力量。你要做好准备。

你的旅程是一次伟大的努力，值得你做好准备。你赢得的每一场战斗都是对意识、光明和生活的赞美。摆脱你的软瘾会让你感觉更好。更有甚者，你是在为你和周围人的生活质量而奋斗。

> **更多思考**
>
> 你今天取得了什么成就？赢了哪些或大或小的战斗？你要为自己喝彩，举起你的咖啡（当然是无咖啡因的）以示祝贺，和自己击掌。

守卫你的成果

每赢得一场战役，你都会在某些方面有所收获，无论是时间、意识、感情、精力、联系、灵感、金钱、生产力、动力还是明确度。像任何战士一样，你必须守卫你的成果。作为一个有意识的战士，你要保护来之不易的自觉意识不受无意识的攻击。

一旦你通过清理掉一些无意识行为而产生了更多的自觉意识，你就越来越有能力保护你的空间了。不要轻易让步。不要去那些会威胁到你成功的地方、和这样的人见面或参加这样的活动。如果你已经努力让自己感觉更好了，不要给这样的人打电话，因为他们可能会贬低你的胜利，或让你的旅程充满愧疚。如果你在办公室聚会上忍住了没吃甜点，那就不要回家大吃特吃。如果你已经成功地戒掉了电视，那就不要去每面墙上都挂着宽屏电视的酒吧庆祝。相反，把你的胜利作为获得更多收益的动力。要时常保持警觉，为你的生命增添更多的精神养料。

同时你也要认识到，在前进的道路上，你将面临许多选择。做出一个积极的选择后很快放松警惕是很常见的——战士在得知胜利后的那一刻是最脆弱的，也是最需要保护的。毕竟，你在为领土而努力，所以不要把它交给一个不值得的对手。坚持你的核心决定，它会引导你走出选择的迷宫。

在做出选择时，有时你会感到气馁、受到挑战和怀疑，但不要忘记这一切都是伴随着你的选择而来的。你是一个英雄。根据定义，英雄必须克服挫折和自我怀疑才能取得胜利。幸运的是，英雄不必独自面对挑战。亚瑟王有他的圆桌骑士，堂吉诃德有桑丘，三个火枪手也有彼此。他们拥有共同的荣誉观念、行为准则和训练方式，这些都使他们更有可能取得成功。战斗最好与军队一起进行。胜利最好和朋友一起实现。知道别人也和你在同一条路上，可以帮助你实现你的追求。

回报是非常值得的

尽管挑战比比皆是，但争取更充实生活的努力带来了巨大的好处。我经常把那些接受过这种训练并在生活中应用这些技能的人称为"有意识的战士"，因为他们愿意面对挑战，与荆棘和黑暗斗争以获得回报。这些回报都是非常值得的。

当这些有意识的战士发现他们不再感到被自己的习惯所控制时，他们就自由了。他们获得了无尽的时间和精力，因为他们不再盲目地生活。他们拥有了更多的财富，因为他们对自己和服务的对象更真诚。他们的感受更丰富多彩，他们能看到、听到、触摸和品尝生活提供的所有体验。当他们犯错误时，他们会自嘲，表现出幽默感。他们更能意识到每一刻的作用，并能从构成一天的所有小事中获得意义和满足。他们之间的关系变得更深、更紧密，一种精神层面的感动触动了他们的生活。

当人们意识到这些回报远远超过他们必须面对的挑战时，他们会感到非常满意。他们确实体验到了拥有更多时间、金钱、精力、亲密关系、满足感和爱的感受。他们摆脱了自己的软瘾，过上了理想中的生活。

创造一个更充实的世界

通往更充实生活的道路不仅是一条个人实现的道路,也是一条能彻底改变我们世界的道路。美国人类学家卡洛斯·卡斯塔尼达(Carlos Castaneda)说,英雄的道路是一场改革甚至革命。

我来自拉丁美洲,那里的知识分子总是在谈论政治和社会革命,那里也充满了战火,但是革命并没有改变什么。炸掉一栋大楼并不需要什么勇气,但为了戒烟、停止焦虑或内心的喋喋不休,你必须重塑自己。这才是真正改革的开始。

你正在成为一个革命者,一个以新方式生活的人。因此,这是自觉的战士进行的革命战争。你在为自己和这个世界的自觉意识而战斗。你正在改变你的内心世界,也在改变你周围的世界。

有所作为,改变世界

过一种让你和你周围的人都受益的生活吧。我的很多同事都是通过为他人做贡献、做出改变、产生影响来发现更充实的生活的。他们以一些非常直接的方式追求更充实的生活,这些方式中包括帮助他人。他们的追求以一种间接的方式为一个更美好的世界做出了贡献,因为他们变得更有同理心了。他们的转变为世界的转变增添了一些色彩。

当我们更清晰地意识到这一点,我们的世界就会发生改变。我们会直接满足自己的

> 如果没有英雄的鼓励,我们都是平凡的人,不知道自己能走多远。
>
> ——美国小说家
> 伯纳德·马拉默德
> (Bernard Malamud)

精神需求，对我们的生活进行设计来满足最深层次的需要。我们会知道我们有能力创造自己的生活，而不仅仅是对情况做出反应。

我们的世界需要更多的英雄——那些愿意做正确的事情、做出艰难的决定并坚持最高的原则和价值观的人。他们越有意识，决定就会越好。我们需要有意识的、清醒的、从他们的最高价值观出发的领导者。我们需要的是那些富有成效、水平卓越同时又能感到满足的员工。我们需要那些开创了不同的生活方式、为他人提供了灵感的人。我们需要勇敢的灵魂。他们愿意倾听自己的内心，并激励他人也这样做。

想象这样一个世界：每个人都在奋斗，但不是为了财富，而是为了更多的爱、更多的联系、更多的精神养分和更多的成就感。在这个世界里，所有人都将遵循爱的四大真理生活——知道自己被爱，发展并向周围的世界奉献自己的天赋，负责任地表达自己的情感，尊重自己内心的方向。世界将是一个平衡与和谐的地方，一个所有人梦想中的地方。

你可以为创造这个世界出些力。最开始，你踏上追求更充实生活的道路可能只是为了让自己感觉更好，但在这个过程中你会变得更好，我们的世界也会变得更美。你树立了一个鲜活的榜样，肯定了那些想要过上更有意义的生活的人。你对自己的状态更加自觉，在身边发现了更多的真理。你分享并贡献自己的天赋，让世界变得更美好。

在你继续前行的时候，我想用几句寄语来支持你的旅程。

> 你就要开始英雄的旅程了，旅途愉快。拥有更充实的生活是你与生俱来的权利。要了解这个世界为你提供的、存在于你内心的巨大资源。你们已经发出了战斗的呼声，正在为更好的世界而战，为更充实的生活而战。这些行动让你成为我们这个时代的英雄。我们的未来掌握在我们的手中。你是为他人创造希望和可能性的人类精神力量的鲜活范例。我们可以一起创造更美好的世界。

软瘾应对方案练习册

第 1 章

你的生活应该更充实

谁不想生活得更充实呢？无论你拥有多少爱、满足感、金钱、精力、时间和资源，你都希望获得更多，否则你就不会读这本书了。

你能想象自己是生活的主人的感觉吗？你掌控着自己的生活，用令人满意的方式指导自己的生活，让自己与众不同，而不是感觉在被动地生活。幸运的是，掌控生活并不需要我们成为世界级的运动员或财富 500 强公司的首席执行官。当我们摆脱自己的软瘾、创造更充实的生活时，我们就掌控了生活。

在这一章中，你会看到获得更充实生活的希望，想获得更充实生活的重要性，以及社会中那些使我们难以过上理想生活的挑战。本章的练习将为你应用后面章节中介绍的八个关键技能做准备，帮助你摆脱软瘾。

回顾你的一天

在你继续前进之前，了解你现在的位置是很重要的。让我们来探索你的每一天，看看你创造的爱、意义、亲密感和能量到底能否给予你充实的生活。尽管我们很想过上更有意义的生活，但我们可能会发现我们每天日程很满，却谈不上充实。当你回顾自己的一天时，可以问自己这些问题，并圈出你的答案。

今天我朝着我的目标和愿景迈进了吗?	是	否
我对别人的生活产生了积极的影响吗?	是	否
我是否坚持了对我来说最重要的事情?	是	否
我的每一天在情绪和精神上都是充实的吗?	是	否
我个人成长了吗?	是	否
我在和别人的互动和活动中感受到爱了吗?	是	否

你会在一天结束的时候问自己这样的问题吗？如果你很少或从不这样做，欢迎加入我们的行列。我们中的大多数人并没有有意识地把日常生活设计成令人振奋的、深思熟虑的或有意义的样子。我们陷入了从紧张到逃避的习惯中，因此无法真正地提出更深层次的问题，也无法实现我们的目标。

现在回过头来，圈出你想得到更积极答案的问题。然后，在今晚（或者明晚）重新问自己这些问题，想想你在这一天做了哪些可以获得更多成就感的事。你正为拥有更充实的生活做准备。

回顾练习：充实还是贫瘠

描述一下你今天的生活，或至少列出一些你做过的事以及你利用时间的方法。请列出尽可能多的内容。

_____

_____

_____

现在，回过头来，用圆圈圈出那些给你带来更多成就感、意义、乐趣或让你感觉更有活力的活动。用方框把那些会削弱这些感觉的活动框起来。这种情况很可能是软瘾导致的。

审视我们的软瘾社会

想想那些发生在你生活中的技术进步的体现——从 CD、DVD 到手机。把你能想到的所有东西都列在"项目"栏下,并在"用途"栏中描述你是如何使用它们的——它们的用途是积极还是消极的?在相应的栏中写下描述。

> 人类正在以错误的理由获得正确的技术。
> ——美国发明家
> 理查德·巴克明斯特·富勒
> (Richard Buckminster Fuller)

技术进步和应用

项目	消极用途	积极用途
(例子)网络	寻找色情网站	寻找医疗建议

你的社会和科技日志

反思导致生活中软瘾的原因,以及它们在我们的文化中是多么普遍。想想媒体上的信息、广告、科技的发展、更多的可支配收入、对快速解决问题的希望、社会对新事物的需求……我们如何在一个充满软瘾的社会中生活?写下你的想法。

_____
_____
_____

> 思考一下这样的问题。我们有幸拥有我们的祖先无法想象的技术。我们有充足的资金，在各个领域都有精英。每个人都有饭吃，有衣服穿，有过上好生活的机会。我们现在知道了以前不可能知道的事，有了让人类成功地在这个星球上生存的手段。我们的结局是理想还是毁灭，将是一场事关生死的长跑，直到最后一刻才会见分晓。
>
> ——理查德·巴克明斯特·富勒

勇于争取更多的生活

当我们寻求更充实生活的时候，我们意识到的一件事是，我们通常在一开始的期待或渴望就不够多。通常，我们的潜意识中会有一些自我否定的观念和感觉，阻止我们渴望和追求更多。通读下面列出的观念，圈出你认同的。你可以随意添加其他任何你认为会阻碍你过上理想生活的限制性观念。

  我不应该得到更多。
  只有幸运的人才拥有更充实的生活。
  更美好的生活只有特定人群才能享受。
  我已经拥有很多了。
  我的生活如果变得更充实，会招致别人的嫉妒。
  我不会适应更充实的生活。
  我没资格拥有更多。
  我不能那么贪。

你可能有的其他限制观念：

_____
_____
_____

深层次的充实 vs. 表面上的丰富

当你探索生活提供的希望和可能性时,重要的是要区分"深层次的充实"和"表面上的丰富"。用下表来激发你的思考。圈出你认同和想获得的"深层次的充实",划出你觊觎的"错误的/表面上的丰富"。

深层次的充实	错误的/表面上的丰富
更多爱	更多八卦
更充实的生活	更好的房子
更强的创造性	更多咖啡
更多冒险	更大的权力
更多知识	更多新闻
更多意义	更频繁的逃避
内心更宁静	睡更多懒觉
更充足的资源	拥有更多东西
更多感受	更强的占有性
更充实的意识	更多消遣
更多精力	更高的名望
更多联系	更多假期
更多方向	更好的车
更真诚	更好的形象
更多生命内涵	更高的地位
更多成就	更多逃避
更多精神满足	更多衣服

探索:你想获得哪方面的充实

从你的软瘾中挣脱,为你的生活创造更深层的空间吧。虽然第二列"表面上的丰富"也能给你带来更多东西,但我们的问题是经常用它代替了"深层次的充实"。大多数人能赚更多的钱,并常常能获得更多的假期、名誉和权力。现在,允许自己渴望充实吧。现在,请列出你在生活中想要充实的领域,为之后的八项技能做准备。你想要什么样的生活?

_____
_____
_____

第 2 章

做出你的核心决定

你已经决定去过一种更充实的生活,并准备好继续你的旅程。通过做出核心决定,你投入到为理想生活努力的过程中。你还没有正式确定你的软瘾,还没有对更充实的生活产生清晰的愿景,也还没有开始学习这个过程中需要的技巧,但你站在核心决定带来的各种可能性的边缘。

在对核心决定有一定理解后,你认识到了核心决定与目标或决心之间的区别。你已经体会到核心决定的力量,它可以作为所有其他决定的基础,也可以为日常选择提供指导。使用下面的练习来帮助你做出和表达自己的核心决定。

> 拥有生活的唯一方法就是疯狂地投入其中。
> ——美国演员安吉丽娜·朱莉
> (Angelina Jolie)

历史上的核心决定

当你做出核心决定并将其付诸实践时,它就开始定义你的人生了。如果没有一个坚定的核心决定,你很容易被软瘾控制。真正的核心决定会影响你生活的方方面面——你的生活方式、事业、人际关系、幸福指数、服务和领导力。想想你认识的那些在生活的各个方面都过得很满意的人。想想历史上那些以品质或目标一致而闻名的人。看看下面的例子。在例子下的空白处，列出类似的名人和他们的品质，以及你觉得这些品质反映了他们可能做出了怎样的核心决定。

人物	品质	可能的核心决定
（例子）特蕾莎修女（Mother Teresa）[①]	意志坚定 关爱他人 有同情心 专注奉献	我尊重一切形式的生命

观看影片《黑客帝国》

为了加深你对核心决定的理解和认识，请观看影片《黑客帝国》（The Matrix）。在一个涉及核心决定的选择中，主人公被要求在两种药片中做出选择——一种能让他看到完整的现实，另一种会让他麻木，沉浸于一种虚拟的、缺乏情绪的、一味美好的幻想中。

观看时，注意你在电影中捕捉到的任何关于肤浅和深刻生活的例子。即使你以前看过这部电影，你也可以从一个全新的角度重看一遍。

---

① 天主教慈善家，于 1979 年获得诺贝尔和平奖。——编者注

其他电影素材

许多励志电影都展示了核心决定的力量。把这一章当作欣赏一些伟大电影的机会,注意主人公们是如何做出他们的核心决定的。在那之后,他们的生活发生了什么样的质变?核心决定如何帮助他们获得他们真正想要的生活?

以下是一些建议观看的影片:

《梦幻之地》(*Field of Dreams*)

《指环王》(*The Lord of the Rings*)系列

《最后的假期》(*Last Holiday*)

《甜心先生》(*Jerry Maguire*)

《铁拳男人》(*Cinderella Man*)

《生活多美好》(*It's a Wonderful Life*)

《伊丽莎白镇》(*Elizabethtown*)

《圣诞颂歌》(*A Christmas Carol*)

《我盛大的希腊婚礼》(*My Big Fat Greek Wedding*)

《让爱传出去》(*Pay It Forward*)

你还能想到哪些与核心决定有关的电影?

在对立面之间做出选择

做出核心决定后,你可以用它来指导你的日常选择。它可以帮助你留心你每天面对的选择,以及你当前的选择让你感受到的满足程度。下面的列表举出了我们常见的选择。在每对答案中圈出你最可能选择的选

> 我想一切可以归结为一个简单的选择:忙着活,或忙着死。
> ——电影《肖申克的救赎》
> (*The Shawshank Redemption*)

项。这只是一个意识练习,所以在选择时要遵照现实而不是你的情况。

A. 在上班的地铁上发呆

B. 在地铁上听一些鼓舞人心的音乐,阅读带回家的文件,为今天的会议做准备

A. 放学后让孩子们坐在电视机前

B. 放学后与孩子们交流,了解他们的想法、困难、感受和成就

A. 下班后吃着零食看重播的《老友记》

B. 和朋友共进晚餐,聊聊天,谈谈你们的生活和梦想

回顾你的常见选择,记下你在选择 A 和 B 时发现的规律。接下来,探究你在日常生活中做出的其他常见选择,以及是什么引导你做出了选择。

回顾今天的选择

你今天面临的选择是什么?回想你今天做出的三个选择。在下面的选项 A 后写下你实际选择的内容,把选项 B 想象成你可以做的另一个选择。接下来,在 1~10 的区间内给你对每个选择的满意度打分。

选择	满意度
(例子)	
选择 A:早餐吃甜甜圈	1 2 ❸ 4 5 6 7 8 9 10
选择 B:早餐吃鸡蛋和全麦吐司	1 2 3 4 5 6 7 8 ❾ 10
选择 A:	1 2 3 4 5 6 7 8 9 10
选择 B:	1 2 3 4 5 6 7 8 9 10

（续表）

选择	满意度
选择A：	1 2 3 4 5 6 7 8 9 10
选择B：	1 2 3 4 5 6 7 8 9 10
选择A：	1 2 3 4 5 6 7 8 9 10
选择B：	1 2 3 4 5 6 7 8 9 10

通过观察常见的日常选择，你学到了什么？你最满意的是什么？什么时候你的选择更容易受到软瘾的影响？什么时候你的选择更容易受到承诺或对充实的渴望的影响？将你的答案记下来。

_____

_____

_____

更多思考

你会看到生活中的一些选择让日子变得充实，而另一些选择却让你感受到贫瘠。尽可能用你的核心决定来指导你的日常决定，这会帮助你过上你想要的生活，而不是感觉生活就这样降临在你头上。核心决定会帮助你选择能够滋养和激励你的活动和生活方式，也就减少了你把资源浪费在无营养的软瘾上的可能。

尝试做出核心决定

你甚至不需要真的做出核心决定就能感受到它的益处。做出核心决定的尝试会为你提供利用本书中所有技能所需的基础。现在，比它更重要的是意识到做以生活为导向的核心决定的重要性。在你运用其他七项技能的过程中，你学到的东西终将帮助你定义或完善你觉得合适的核心决定。

> 承诺有其真正的力量。你发自立场的言语构成了你的承诺，让你成为参与者。你不再是一个旁观者，你的言语变成了实际影响世界的行动。有了承诺，你就创造了支持你行动而不是情绪的前提条件。
> ——美国作家弗恩·伍尔夫
> （Vern Woolf）

要尝试核心决定，只需要选择一个样本作为占位符，直到你准备好做出个性化的承诺。重要的是你做出了承诺，而不是你具体承诺了什么。

下面是一些核心决定的示例。圈出最能与你产生共鸣的那个。现在，把它当作你的核心决定，让它指引你的选择，直到你找到替代它的、完全属于你的核心决定。当你看着自己的日常选择时，想想你如果要做出自己的决定，该怎么做。你会发现核心决定是帮助你摆脱软瘾、过上你理想中生活的力量。

我遵循我最深刻、最真实的欲望。

我完全活在当下，清醒而投入。

我无比重视精神世界。

我是一个正直的人，一个真理的捍卫者。

我以开放的心态生活。

我把生活当成历险。

我以珍惜每一刻的态度而活。

我选择更充实的生活。

注意事项

要留意你对充实生活的恐惧或不适——可能是对失败、犯错或领先朋友们的恐惧。清楚地表达出你的恐惧和不适是很重要的，这样才能防止这些消极感受阻碍你追求更充实的生活。

做出并宣布你的核心决定

下面的练习可以帮助你做出核心决定。花些时间写日记,反思一下为什么你要做出这样的核心决定。找一个安静舒适的地方,问自己以下几个问题。

是什么促使你做出这样的核心决定

你为什么想拥有更充实的生活?你希望你的生活更有意义吗?你目前感到不满意或不快乐吗?你是否缺乏焦点或方向?你是否有时感到空虚和孤独?你是否无法体验到极大的快乐,甚至面对积极、强烈的感受会退缩?你想获得什么样的感受?你有想满足的渴望吗?是什么让你对另一种生活感到兴奋?

_____

_____

_____

生活中你最想要的是什么

更充实的生活意味着更多的满足、爱、亲密感、时间、金钱、精力、目的感、意义、活力、贡献和自尊。

你还会用什么词来描述充实的生活状态?你希望生活的哪些方面变得更充实?你在内心深处渴望什么?什么能让你生活得更好?在生命结束的时候,你想对自己的生活做出怎样的点评?总结出你在生活中最想要什么。

_____

_____

_____

你的核心决定是什么

你可以参考杰克·伦敦的名言,以你对前两个问题的回答为素材,对你的

> 我宁愿成为灰烬也不愿成为尘土！我宁愿我的火星在灿烂的火焰中燃尽，也不愿它被枯朽扼杀。我宁愿做一颗壮丽的流星，每一个原子都发出灿烂的光芒，也不愿做一颗沉睡的、永恒的行星。人应该生活，而不是单纯为了生存。我不会把时间浪费在对长寿的追求上。我要充分利用时间。
>
> ——杰克·伦敦

核心决定进行一番简略的描述。参考下面的例子，看看其他人是如何表达他们的核心决定的。在写下你的核心决定时，要知道它充满各种可能性。用肯定的方式表达，不要写成愿望，也不要用"我想要"句式。要随时对其进行完善和增补。虽然决定是不变的，但你的措辞和理解可能会随着时间推移而变化。

关于核心决定的小提示

1. 写核心决定要用现在时。
2. 措辞要积极主动，不要被动接受。
3. 你的核心决定描述的是一种已经存在的品质，而不是一个目标或具体的关注点。虽然它可能会帮助你做出决定，比如重返学校、减肥或获得晋升，但这些不是核心决定，只是目标。你的核心决定不是选择做什么，而是选择做成什么样。

例子：

> 我过着一种特殊的、自觉的生活。
> 我投身于生命的冒险。
> 我是一个正直、真诚的人。
> 我用心生活。
> 我活得深刻，感受深刻，勇敢地迎接生活给予的一切。
> 我体验我的感受，让它们轻轻划过我的脸。

写下你的核心决定

现在写下你（非最终版的）核心决定

用一张单独的纸来记录你的核心决定。请尽情表达你的承诺。

软瘾经验谈

海琳：做出"重视自己"的核心决定后，我的人际关系得到了改善。我结束了一段无路可走的感情。当我开始创造我想要的生活，我自然而然地吸引了一个能给我力量、对生活更有责任感的男人——他现在是我的丈夫，我们有两个漂亮的孩子。

大声说出口

在写下你的核心决定后，把它朗读出来。感受你所写的文字，大声、充满激情地表达出来。你可能还会发现，告诉别人你的决定也很有用。当然，对方得是会欣赏你所做决定的人。你要求对方做的事是见证你的核心决定。现在花些时间，把你的核心决定读给别人听。把你的核心决定告诉另一个人是什么感觉？你在告诉别人之前和之后的感觉分别是怎样的？

不断提醒自己

一旦确定了核心决定，就要时刻牢记它。不仅要记住这句话，还要让它成为你生活的一部分，把它带在身边，或者放在家里某个特别的地方。你会做什么来提醒自己这个核心决定？你什么时候需要提醒自己？

例子：

我要把我的核心决定做成屏幕保护程序。

截止时间：一个星期后。

我要把我的核心决定写下来，镶上框挂起来。

截止时间：一个星期后。

你的行动：_____

截止时间：_____

庆祝你的核心决定

在学习充实生活的过程中，核心决定会为你提供引导，并提供一个支持你行动的基础。做出核心决定是需要勇气的。在迈出这一步后，今天就花些时间来滋养自己和庆祝吧。也许你会读你最喜欢的书，或者洗个热水澡，或者放首你最喜欢的歌，然后在你的客厅里跳舞。确定什么是适合你的，然后花时间做这些能给你养分的事情。事实上，庆祝可以分为现在做和稍后做。

例子：

现在做：

1. 送自己一张表示祝贺的电子贺卡。
2. 起立为自己鼓掌。
3. 发一条表示庆祝的状态。

稍后做：

1. 点着香薰蜡烛泡澡。
2. 给上天写一封感谢信。

你现在要做什么？

_____
_____
_____

你稍后要做什么？

_____
_____
_____

本章回顾

现在你已经做出了核心决定，或者至少选择了一个临时决定。通过本章来反思一下你对自己的了解、对充实的渴望、你的感受以及生活。

你是如何根据在本章学到的内容成长或改变行为的？对所学和成长的反思是一种强有力的意识工具，能加速你的学习进程，给你带来更充实的生活。列出你在这一章中学到的内容和你的成长。

我学到的（我掌握了一些此前不知道的信息）：

_____
_____
_____

我的成长（我做了一些此前不会做的事）：

_____
_____
_____

第 3 章

确定你的软瘾

你已经通过选择更充实的生活为今后的行动奠定了基础。现在，你准备好学习另一个能让你过上理想生活的关键技能了。通过加深对软瘾的认识和理解，你就可以开始摆脱它们了。识别它们，评估你在上面花费的时间和金钱能让你破解软瘾起作用的模式，瓦解软瘾的网络。

请记住，识别软瘾需要一些练习。你一旦开始这样做，就会更加明确各种情绪、行为和软瘾之间的联系。下面的练习可以让你更有自知之明，意识到自己的习惯。

观看电影《关于一个男孩》

请欣赏电影《关于一个男孩》（About a Boy），这是关于软瘾生活的绝佳例子。由休·格兰特（Hugh Grant）饰演的主角一直过着由软瘾支配的生活，直到和一个可爱而木讷的男孩建立起一段不可思议的关系，他才发现了生命可以如何更加充实。在观看电影的时候，请注意自己的反应。

休·格兰特扮演的角色是如何打发时间的？他的软瘾是什么？他是如何通过与这个新朋友的关系发现生命中的更多可能性的？是什么改变了他的生活？你的生活和他的一样吗？你看到了哪些相似和不同之处？如果你是和朋友一起看的，

你们可以讨论一下，或者在这里记下你的想法。

_____

_____

_____

列出你沉溺于软瘾的借口

在开始审视你的软瘾时，你会发现你在为自己找借口并真的相信这些借口。当你认为自己的行为是一种软瘾时，意识到哪些是自己的下意识反应是有好处的。我们将在下一章讨论这个问题。请在左边一栏列出一些可能的软瘾，在右边一栏列出相应借口或解释。例如：

软瘾	借口 / 合理化解释
买太多鞋	我工作很努力，需要奖励

软瘾清单

在这一阶段，你的目标不应该是创建一个明确、详尽的清单来列出成为你软瘾的每一种活动、情绪和逃避行为，也不应该自责或为自己的"弱点"感到难过。我们都有软瘾，愿意正视它们就是勇敢的表现了。

看看第 64 页列出的软瘾，在你可能有的软瘾旁边打个钩。在浏览列表时，你可能会想到你认识的谁。随时把想法记录下来。你会发现，与上网或

> 电视就是眼睛的口香糖。
> ——美国建筑师弗兰克·劳埃德·莱特（Frank Lloyd Wright）

看电视相比，这里列出的一些行为（如咬指甲）听起来可能没那么严重，但软瘾本来也不是什么构成精神障碍的特别行为。你要做的只是记下那些可能属于软瘾的行为。接下来的练习将帮助你分辨它们是软瘾还是无害的消遣。

软瘾经验谈

凯莉： 我最喜欢的食物之一是巧克力。我并没有超重，但我一看到巧克力，就会吞下它而不是慢慢享用它。我甚至会躲在壁橱里狼吞虎咽！我意识到这是软瘾的迹象。我一直渴望甜蜜的感受，但食物是不会给我甜蜜的。之后，当我感到渴望时，我学会了向家人要求更多的爱和拥抱。情况彻底变了。我和他们更亲密了，而且在吃巧克力的时候，我也能真的享受它的味道了！

分析软瘾模式

你在你的列表中发现了什么？有什么惊喜吗？你的软瘾是集中在某一类还是分布广泛？你在你的列表中看到了什么模式？它们中有哪些看起来是一起出现的？记下你的想法。

_____
_____
_____

了解你的软瘾的动机和功能

你如何知道你的行为或活动是否属于软瘾呢？决定它是软瘾还是有意义的追求的是你的动机和该行为的功能。你是否在用这种行为去创造更多的意义、成就感、精神食粮，去学习和成长，去表达你的价值，去发展你的天赋？还是说，你在用它来逃避什么或仅仅是走神？在下表左栏，列出你的一些行为或活动。在右栏，猜测你的动机或它的功能。你可能会出于积极的原因做出同样的行为，并错误地将其视为一种软瘾。现在不用担心无法区分了。列出你所有可能的动机和功能。

活动 / 行为	动机 / 功能
看电视	走神
深夜吃零食	麻痹焦虑感

艾伦的故事

阅读艾伦的故事，看能不能找出她的软瘾的动机。

"什么叫软瘾？鞋是我的必需品。我为时尚杂志写文章，我需要它们。"年轻的自由撰稿人艾伦在被问及穿鞋的习惯时这样回答。没错，她一定非常需要它们，因为她已经收集了150多双鞋——其中包括10双看不出区别的黑色便鞋。直到接受针对软瘾的训练后，她才意识到，每当她感到沮丧，想让自己感觉好一点的时候，她就会去买鞋。"在办公室度过特别糟糕的一天后，我沮丧地离开了，感觉自己像个失败者，好像什么都做不对。于是，我去买了4双鞋。这让我精神一振，因为我想，我可以在半个小时内完成很多事情！我感觉好多了……但这种感觉只维持了一小会儿。当我回到家的时候，我对花这么多钱买鞋感到内疚。我只好把它们藏起来，这样我就可以假装我从来没有买过它们了。"艾伦再也不能否认她对买鞋上瘾了。

软瘾发作时的感觉

你对某项活动或某种情绪有什么感觉？软瘾最常导致的是一种麻木、不思考的状态，或是一种钝化的情绪，比如脑内一种温和、令人愉悦的嗡嗡声。这是一种非常不同于喜悦或超越感的体验。在喜悦的状态中，感受应该是被增强而不是被削弱的。在下面的表格左栏列出你潜在的软瘾，在右栏写下你在三个节点上的任何感受或状态：行为前、行为中和行为后。一些可能与软瘾有关的感觉被列在第一行以供参考。

具体行为	行为前	行为中	行为后
	焦虑/紧张	走神	尴尬
	无聊	麻木	兴奋
	悲伤	发呆	羞耻
	兴奋	无意识	持续麻木
	强制	头昏脑胀	焦虑
	气愤	兴奋	头昏脑胀
	自怜	激动	健忘（不记得做过/看到/听到什么）
	恐惧		
	充满动力		

接受软瘾测试

如果你需要判断某些行为是否属于软瘾,回头做第 66 页的测试吧。

建立你的软瘾层级

摆脱软瘾不需要你一下子彻底戒掉它们。更重要的是,你要告诉自己你看到的真相以及愿意为此做些什么。现在你已经确定了自己有哪些软瘾,可以决定对每一种软瘾做出你想做出的改变了。考虑并写下你自己的软瘾层级,选择你现在想要摆脱和不想摆脱的软瘾。你可以在将来重新审视这个列表,诚实的评估会帮助你克服这些软瘾。

软瘾层级

我知道并将积极努力摆脱的软瘾:

_____

_____

_____

我知道但现在不想采取任何措施的软瘾:

_____

_____

_____

我知道但不打算进行干预的软瘾:

_____

_____

_____

我不愿意承认的某些软瘾：

_____

_____

_____

我可能没意识到自己有的软瘾：

_____

_____

_____

判断／分析你的软瘾成本

虽然大多数人承认自己有软瘾，但他们经常否认软瘾给他们的生活带来的代价和影响。分析你的软瘾成本是一种令人大开眼界的经历。你一年会在软瘾上花多少钱、多少时间？缺乏成本意识会给你的生活带来什么样的影响？还有机会成本呢？你本可以用这些资源来争取更充实的生活。

在我们开过的所有"软瘾应对方案"研讨会上，当参与者计算他们花在软瘾上的钱时，没有人一年低于3000美元。事实上，大多数人计算出的数目在每年1.5万美元到1.8万美元之间。很大一部分参与者每年的花费在2.5万美元到3万美元之间，甚至更多。这些只算了浪费的钱，还没有算机会成本——没把这些钱投资到其他地方所带来的间接损失。

用下页的成本表格来评估你的软瘾。将你的软瘾分为不同类型来考虑成本。对于金钱和时间成本，列出或圈出属于软瘾的活动，并标记它们花费的金钱或时间。对于意识和机会成本，可以估算一下。

··

软瘾经验谈

乔伊：我的软瘾有些不寻常，是交停车罚单。年轻时，拥有属于自己的第一辆车时,我住在加州一个很难停车的地方,因此一直不在意被贴罚单。当我年龄渐长,这个坏习惯也一直跟随着我。终于有一年,我丈夫对我大发雷霆,我才意识到这一点。但即使他很生气,在做完整的成本评估之前,我也不知道我还能做些什么。我把一辈子浪费在停车罚单上的钱加起来,才意识到我已经花了 2 万多美元。这让我感到非常惭愧,尤其是当我想到我可以用这些钱做其他事的时候。奇怪的是,尽管付出的代价让人清醒,但我也对自己有了更多的同理心,因为我意识到这绝对是一种软瘾,我需要一些技巧来克服它。我已经好几年没收到过罚单了。我会把钱用在更好的地方。

金钱成本

活动	花费		
	一周	一个月	一年
健身俱乐部会员			
用不上的网络服务			
高级定制服饰			
昂贵的餐馆			
电话账单			
精品咖啡			
付费或卫星电视			
体育赛事			
订阅过多杂志			
由于暴饮暴食而增长的服装需求			
总计			

时间成本

活动	花费的时间（包括计划、实施和思考软瘾的时间）		
	一周	一个月	一年
总计			

软瘾经验谈

杰米：作为一名将近40岁的职业女性，我的生活非常忙碌，似乎没有足够的时间陪伴丈夫，也没有足够的时间做一些对自己有益的事，比如瑜伽或健身。直到我开始审视我是如何使用我的宝贵时间的，我才意识到我的选择就是问题所在。我在一整天的工作后回到家里，极度渴望得到关爱，于是会沉迷于整理邮件和浏览商品目录。我惊讶地发现，我花在这些事上的时间竟然多达每周5小时、每月20小时、每年1040小时，相当于50天！我无法相信我所付出的代价和之前对此的否认。现在，我可能还是会看商品目录，操心账单的事，但我能意识到自己什么时候沉溺其中，什么时候达到痴迷的程度了。我可以做出更明智的选择，比如和我丈夫约会。我现在就正在做瑜伽！

意识成本

在下表右栏，评估你的意识成本。

意识成本

	备注
心烦意乱	
对周围环境缺乏认识	
没有抓住可能存在的线索	
因为走神而无法快速反应	
无法解释自己在一段时间内做的事	
因为麻木而缺乏思想和感情	
缺乏亲密感	
失去了和家人相处的美好时光	

机会成本

你如果没有把大部分金钱、时间和意识花在你的软瘾习惯上,又会如何度过一生?选取你生活中的某些方面,看看它们是如何受到影响的。更好地利用时间对你的职业生涯有什么好处?你是否失去了工作、发展技能或做成生意的机会?如果你是一个全职父亲或母亲,是否有什么方法可以让你的伴侣在事业上走得更远、收入更多或投资更成功?你会用你的钱继续深造,帮助那些需要帮助的人或踏上一次有意义的旅行吗?你是否觉得自己错过了某些宝贵的经历?如果你更有意识一些,你会更好地体会你的感受吗?你能抓住机会与人发展深入的联系吗?用下面的表格来评估你的软瘾导致的所有机会成本。

机会成本

失去的机会	花费的钱	其他成本
没能获得的工作		
浪费的退休金		

（续表）

失去的机会	花费的钱	其他成本
耽误的友谊		
失去的商机		

画出你的软瘾网络

> 我们的发明是把我们的注意力从严肃的事情上转移的漂亮玩具。它们只是为了一个不重要的目的而发展出的手段。
> ——亨利·大卫·梭罗

你的软瘾很少是孤立存在的。相反，它们通常会进化成一个精心编织的网，相互支持。用下面的示例和图表来绘制你自己的软瘾网络。

我觉得累了，所以我喝了一杯咖啡，然后……

咖啡因让我紧张不安，我咬着指甲，紧张地啃着椒盐脆饼，然后……

咖啡因让我脾气暴躁，所以我吃了一些巧克力，然后……

巧克力里的糖分让我很兴奋，于是我上网放松一下，然后……

上网时，我吃了更多的椒盐脆饼，然后……

椒盐脆饼和上网让我感到精疲力竭，昏昏欲睡，所以我喝咖啡来提神。

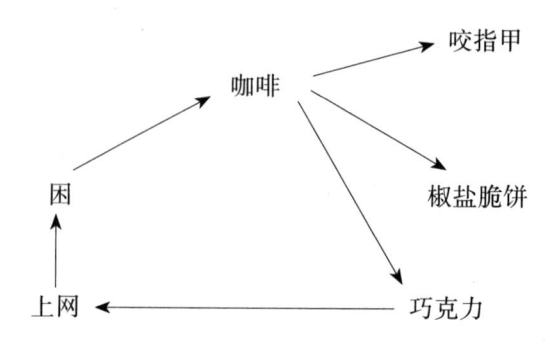

本章回顾

你已经开始看到软瘾是如何渗透进我们的生活和社会的，以及我们为之付出了怎样的代价。于是，你可能已经发现自己都有哪些软瘾，以及它们让你在时间、金钱、意识和机会方面付出的成本。你开始使用八项关键技能来摆脱软瘾后，便能够收回投入软瘾习惯中的金钱、时间、精力和资源，并将它们用于你的生活中。

反思一下，通过识别你的软瘾、它们让你付出的代价以及相互关联的软瘾网络，你对自己有了什么了解。你是如何成长的，或者做出了什么改变？列出你在这里学到的内容和你的进步。

我学到的（我掌握了一些此前不知道的信息）：

_____

_____

_____

我的成长（我做了一些此前不会做的事）：

_____

_____

_____

第 4 章

关注你的思维

通过更好地了解和批判自己偏颇想法，你会看到是哪种思维模式把你困在软瘾习惯中。能够清晰地思考对于过你想要的生活至关重要。

如果不了解自己的想法，你很可能会用一种软瘾来取代另一种。重点不是只摆脱软瘾，而是要管理导致和延续软瘾的思维。我们都曾通过否认偏颇想法来为自己的行为辩护，逃避自己的感受，欺骗自己和他人。正是这种错误的想法阻碍了我们客观和诚实地看待我们的日常生活。基于错误的信念，我们的否认和糟糕的想法创造了虚假的现实，把我们困在一个充满幻觉和软瘾的网络中。准备好使用强大而简单的方法来控制你的思想，打破否认的循环，通过接下来的练习来过有意识的生活吧。

识破否认：估算否认系数

上一章的练习已经帮助你认识到自己对软瘾及其让你付出的代价存在否认情况。然而，就算你的日常生活受到威胁，甚至当你已经开始改变自己的行为，你仍然很容易陷入否认的循环。当你否认的证明突然出现的时候，要留意它们。否认是指拒绝承认某物的存在或其负面影响。用下面的例句来检查你是否存在否认行为。

看看你能否从下面的回答中识别出抵赖的意味。看看有没有和你用来否认现实情况的说法相似的表达,将其勾选出来。

> 我们这一代最伟大的革命是发现人类可以通过改变内心的态度来改变生活状态。
>
> ——美国心理学之父威廉·詹姆斯(William James)

你竟然敢来挑我的刺?你应该好好看看你自己!

没那么糟糕吧。

我只是在放松而已。你这么紧张,也应该试着放松一下。

但每个人都在这么做。

意大利人吃通心粉、喝红酒,但是都很瘦,所以我相信我也没事。

我工作很努力,这是我应得的。

我明天再开始节食。

我没时间修指甲,所以才咬指甲的。

我非买这件衣服不可——想想别人看到我穿它时的目光吧。

这是最新款,没有它我真的无法生活。

我只做过一次!

你到底怎么了?

我需要这双鞋。

吃甜点也没关系,我明天就去健身。

我本来想今晚就去做,可我太累了。

等这个大项目结束后,我就有时间做了。

真的没那么贵。

你应该看看珍妮弗有多糟糕——她花的钱是我花的三倍!

乔的音响特别好,我不能输给他。

作为一个 IT 从业者,我不能错过最新的技术。

你勾选出的数目就是你的否认系数。看看你的否认系数有多高。你勾选的数目越多,你就越擅长用各种形式的否认作为一种应对机制。分数越高,你就越需要警觉地找到自己否认的迹象,并面对现实。

否认的多副面孔

你将在下面看到否认的多种形式。你用了哪些形式来维持你的软瘾习惯?圈出你最常使用的形式,然后在下面的空白处写下你的想法,写写你如何用这些形式来否认、维护你的软瘾或将其大事化小。

防御:条件反射般地为你的活动或情绪辩护,表现得好像你被指责了一样。
_____
_____
_____

合理化:用表面上令人信服的、巧妙的论点来解释软瘾习惯为什么不是坏的,甚至为什么是好的;为你的软瘾找借口,并维护它们。
_____
_____
_____

大事化小:认为软瘾真不是问题,即使是,问题也不大;轻视或淡化你的软瘾。
_____
_____
_____

说谎:大事化小的一种极端形式,在软瘾的范围和深度上撒些小谎。
_____
_____
_____

逃避：承认软瘾对自己不好，但迟迟不去解决问题；为当前的软瘾开脱，模糊地承诺在未来会做些什么。

_____

_____

_____

比较：否认的一种微妙形式，通过与那些有更糟糕的软瘾的人比较来为自己的坏习惯开脱。

_____

_____

_____

发现其他偏颇想法

偏颇想法与否认有关，但它可能更隐蔽，有时更难以被发现和清除。偏颇想法似乎很合理，以至于我们常常没有意识到它的存在——实际上，它是我们大量心理预设的来源。我们认为自己的偏颇想法是事实，而不是基于错误观念的武断决定。偏颇想法使我们的软瘾正常化。我们要注意这一点。你可以使用下面的练习来嗅出自己偏颇想法的气息。

> **更多思考**
>
> 偏颇想法源于你对自己的错误认识（我不值得、我不可爱、我不够好），源于你的感受（只有懦夫才会哭、生气是不对的），或者源于外界（世界是危险的、其他人都想找我麻烦、这个世界是一个冷漠的地方、没有人支持我）。

你最常出现哪种形式的偏颇想法？圈出你使用最多的形式。在下面的空白写下你自己的例子。

以偏概全：将负面事件视为一种永无止境的模式，过分夸大，认为任何事情都不可能顺利，长期绝望，思维极端——全或无、非黑即白。

_____
_____
_____

轻率地得出荒谬的结论：在没有足够证据的情况下就断定事态糟糕，猜测别人的心思和将要发生的事，预设消极的反应和结果，将自己的感受投射到他人身上，思考逻辑神奇——想象出并不存在的联系。

_____
_____
_____

感情用事：基于自己的感受进行推理，而不将其与现实进行比较，因为有某种感受就认定某种事实。

_____
_____
_____

"应该"与"不该"表述：用"应该""不该""必须"来批评自己或他人，说教。

_____
_____
_____

指责与自责：以偏概全和"应该"与"不该"的结合，在事情并不完全是你的责任时责备自己，或把责任推给其他人。

_____

_____

_____

贴标签：把特定的品质归于自己和他人，对人进行分类。

_____

_____

_____

- -

> 更多思考

任何与"我是值得爱的，我目前的感受是正当的，这个世界是一个关心、支持我的地方，它希望我得到最好的"不一致的想法都是偏颇想法。

- -

不相关借口或神奇逻辑："我现在不能工作，因为我已经洗过澡了。"

_____

_____

_____

稀缺思维："我不够聪明/年纪不够大/不够年轻/不够有钱""那件事我做不到""我没有足够的时间/金钱/精力"。

_____

_____

_____

记录你的偏颇想法

读这部分的时候，你有什么偏颇想法？把这些想法写下来。意识到自己的思维缺陷对获得更充实的生活很重要。意识到自己的思维缺陷时，你就赢了一半。

_____

_____

_____

注意事项

偏颇想法可能让你付出高昂的代价。你可能因此不敢去要求升职，放缓职业发展，认为人们会拒绝你，达不到本可以达到的销售额，或者把你的处境归咎于别人，而不是尽你所能去创造和获得更充实的生活。

偏颇想法记录卡

把你最常见的偏颇想法分类，做成记录卡。记下任何让你困在这些思维中的想法。复制它并随身携带。

偏颇想法记录卡

类别	具体想法
以偏概全	
轻率地得出荒谬的结论	
感情用事	
"应该"与"不该"表述	
指责与自责	
贴标签	

看电影时记录

带上记分卡，看一场电影，找出其中体现的偏颇想法。寻找不同类型的偏颇想法，比如合理化、贴标签、指责和自责以及防御。一旦你开始寻找，你就会发现偏颇想法随处可见。

注意事项

要警惕内心那些批判你自己或他人的刻薄的声音。你可能认为它们是准确的——但它很可能建立在错误的信念上。这种声音最有可能让你脱离正轨，沉迷于使你"感觉更好"的软瘾。你要尝试改变自己的想法。

打电话时记录

在与朋友打电话时录下你的那部分对话。重听，并为自己偏颇想法计分。看看你如何给自己设了限制。

交谈时记录

注意你和别人在日常对话中体现的偏颇想法。你会发现，通常我们所说的对话其实是一种想法的交换。在工作中、家中、社交场合，你都需要倾听。如果你跃跃欲试想要冒险，与朋友讨论一下。准备好应对他们最初的反对意见。

更多思考

当你和一个陷入偏颇想法的人在一起时，他们的"逻辑"东拉西扯，让你无法在谈话中取得任何进展。它不停地循环，抵消你分享的任何新信息，让你感觉就像和一个受毒品或酒精控制的人说话一样。相反，一个敢于面对真相的人会在行为中体现决心、意识、理解，并会做出相应的改变。不要把合理化行为和事实混为一谈。

让你的朋友和家人加入

让你的朋友和家人知道你在做什么，让他们帮你发现你的偏颇想法。

软瘾经验谈

加布里埃尔：我对改变偏颇想法的影响力感到非常惊讶，所以我让我的家人也加入进来。现在，每当我说我不能做某件事时，我七岁的女儿就会打断我，说："妈妈，这想法太糟糕了！"

改变偏颇想法的策略

应对偏颇想法的重点并不是摆脱偏颇想法本身，而是让自己更清晰地思考。带着对自己缺点的幽默感和同情心，我们更容易看到和接受自己的行为与理想中不一致的事实。幽默给了我们必要的距离和空间来承认我们的软瘾习惯存在问题。你会在下文中看到一些培养自我接纳、同情心和幽默感的技巧。

软瘾经验谈

杰姬：我过去常常坐在电视机前，机械地把食物塞进嘴里。在做出核心决定之后，我决心要照顾好自己的身体和健康，但我的偏颇想法总是探出它丑陋的头："我今天不锻炼也没有关系——只是一天而已。我可以明天去。"但我第二天也没去。我感觉很糟糕。有一天，我向丈夫坦白了我是如何走进健身房，碰了碰跑步机，然后又走了出来的。他只是笑了又笑。他帮助我认识到，我面对锻炼时的缺点并没有我想象中那么严重。一旦我的心态轻松起来，我的身体也会随之轻盈。我在力所能及的范围内尽可能地锻炼，一年后减掉了18千克。现在我依然喜欢自嘲，但我也真的能在跑步机上跑步了！

·····································

写幽默日记

用你的想象力创造性地审视自己。记录一些你说过或做过的有趣的事。借助它的力量让自己远离感觉不好的事。拿自己的神经质、工作狂或电视迷倾向来开玩笑。记下一个软瘾，然后写一句幽默的点评。虽然一开始你的记录看起来可能很生硬，但你会逐渐从中获得乐趣。它会帮助你改善对你所做的每件事都过于刻板的态度。

例子：

软瘾：戏精，大惊小怪。
日记：我刚发现我被提名奥斯卡最佳配角奖。

写一篇幽默日记：

_____
_____
_____

创造性地表达你的幽默

至少从以下选项中选择一个，用它来激励你将幽默运用到你的偏颇想法和软瘾上。

- 选一首流行歌曲,通过改词来唱出你的软瘾
- 画一幅自嘲的漫画
- 制作一个关于你的行为的讽刺小品
- 给自己取个笔名,写一则你最荒唐的轶事
- 写一则关于你的软瘾的滑稽新闻

例子:

乔西夺得了今天的"贪睡闹铃奥运"冠军。她面对着激烈的竞争,但在第29次关闭闹钟后最终夺冠。她每次都让闹铃声在房间里飞来飞去,因此得到了双倍的技术分。

分析《BJ单身日记》中的偏颇想法

有时候,看到别人身上的偏颇想法比看到自己身上的更容易。影视剧是一种更容易让你看清偏颇想法的载体。看一看《BJ单身日记》(*Bridget Jones's Diary*)的开场剧情,看看这种偏颇想法中的幽默。

阅读"购物狂系列"

阅读索菲·金塞拉的"购物狂系列"小说,了解关于思维的一些幽默观点。看看你能对主角滑稽的合理化解释和偏颇想法产生多大的共鸣。

培养同情心和宽容心

在每一天结束的时候,练习宽恕自己,无论你认为你犯了什么"罪"。回顾一下你曾因哪些事情责备自己,比如错过了一次锻炼或一个截止日期、和朋友吵架、花钱太多或太少、丢了钥匙等。现在选择一件你觉得值得原谅的事,然后大声说一句肯定的话,表达你的原谅,比如"我原谅自己花了那么多时间在

网上搜索跑鞋"。

我的"罪"	宽恕声明

软瘾模板

接下来,你将学习使用软瘾模板。这个强大的工具可以帮助你追踪你的软瘾,意识到你的偏颇想法,而后用更强大的想法取代那些偏颇想法。莱特研究院的学员们发现,这是一件非常宝贵的工具,可以帮助他们清理偏颇想法,打破软瘾模式。

任何时候,你都可以使用软瘾模板来对你的想法进行"重新编程"。下面是一些与你所学技能相关的问题。附录1中有一个完整的模板,能帮助你就八个关键技能进行思考。复制模板,练习使用它,以更好地理解你的软瘾习惯。

1. 是什么事件或情况引发了你的偏颇想法?你有什么软瘾?

2. 你当时有什么感觉?

3. 在这件事发生期间或之后,你的脑子里在想什么?这些想法是如何阻止你追求更充实生活的?

4. 你能想到什么积极的想法(反映现实情况、幽默、富有同情心或宽容的)?

在审视你的回答时,你能更清楚地看到你的软瘾吗?你能看出偏颇想法是如何阻止你认识到那些导致你生活贫瘠的坏习惯的吗?

本章回顾

你已经开始关注你的思维模式、否认行为和偏颇想法,以及这种思维模式是如何把你困在软瘾中的。认识到自己的偏颇想法会帮你扫清障碍,让你朝正确的方向前进。你已经明确了哪些做法会适得其反,因此可以更好地改变它们,使它们与你的核心决定保持一致。你正在采取行动,更有意识地去认识自己和他人。培养对自己的偏颇想法和行为的意识、幽默感和同情心,将帮助你摆脱软瘾,过上你想要的生活。

我学到的(我掌握了一些此前不知道的信息):

_____

_____

_____

我的成长(我做了一些此前不会做的事):

_____

_____

_____

第 5 章

破解你的软瘾密码

当你探索原因——你的软瘾背后潜在的模式和导火索时,你会发现所有的软瘾背后都有积极的意图,因为它们来自你对好好照顾自己的渴望,也在试图满足你更深层次的需求。软瘾的本意通常是好的,但总是被误用。

你可以破解你的软瘾密码,从中获得有价值的信息和关于你自己的重要线索——发现你未被满足的需求,理解你的成长,纠正你的错误观念。从之前的经历中找出你的软瘾模式的成因,以及为什么现在你有一种想要放纵自己的冲动。

> 凡事都有缘由和时机。
> ——威廉·莎士比亚

你从软瘾中得到的隐藏好处

如果我们感觉不到能从软瘾中得到什么,我们就不会沉迷于它们。你认为你能从你的软瘾中得到什么好处?选择你自己最喜欢的软瘾,然后通过回答这些问题来猜测它背后的成因。

我从软瘾中得到了什么?我的软瘾带来的附加好处是什么?(如得到关注,降低对自己的期望,使自己变得麻木,压抑自己的感觉,让自己放松一下,填补空虚的时间,让自己感觉很酷。)

这一软瘾背后的积极意图可能是什么？通过这种模式，我想满足什么需求？（如感到舒适、放松和被保护。）

发现软瘾的起源：错误观念

我们都对自己、自己的价值、自己的感觉和世界的本质有错误观念。软瘾源于这些错误观念，以及我们应对这观信念带来的感受和想法的行为。我们中的许多人在孩提时代就学会了在面对家人不合理的对待时抑制自己的眼泪、恐惧、愤怒，有时甚至不敢表达喜悦和爱。我们压抑这些感受，试图用软瘾来管理这些感受。我们的每一种软瘾也许都能追溯到我们的童年。

> 你必须了解过去，才能理解现在。
> ——美国天文学家卡尔·萨根（Carl Sagan）

你的成长经历引发了你的哪些错误观念或与其相关？这些经历具体是怎样的？请填写下面的表格。

我的错误观念	与此信念相关的经历
关于我自己的（"我不可爱""我不优秀""我不配"）	
关于我的感受的（"我的情绪不重要""我应该隐藏我的感受""感受是可怕的""愤怒是不好的""哭是软弱的表现"）	
关于世界的（"世界不能满足我的需求""这个世界是危险/冷漠的""没有人支持我"）	

错误观念日记

你是如何处理这些信念、感觉、经历和状况的？你小时候是怎么应对的？当你感到沮丧、压力大、情绪强烈时，那时的你会怎么做？

_____
_____
_____

用电影做练习

观看电影《霹雳上校》（*The Great Santini*），并留意人物对话中体现的错误信念。要特别注意电影中子女们创造性的适应能力。

> **更多思考**
>
> 想想你所受的教育和你早期的观点是如何影响你今天对自己的看法的。

找到你某些情绪的根源

在此之前，你可能一直在关注自己行为方面的软瘾。当你探究原因时，你可能会发现你的情绪和软瘾形式的根源——我们为了逃避感受和生活中的责任而养成的持久的心理习惯。下面的列表可以帮助你确定你对情绪和某些生活方式的软瘾。从你的童年经历开始考虑，看看下面列出的常见模式，哪些对你来说比较熟悉。在下面的表格中，在 1 到 5 的区间内给每一项打分，1 表示"完全不符合"，5 表示"非常符合"。

类别	评分
逃避或大事化小：把头埋在沙子里，不与人接触，或者假装事情没有那么重要（事实上它们很重要）	1 2 3 4 5
攻击性和优越感：批评、指出别人的不足，或让别人难堪	1 2 3 4 5
自怜/羞愧/自卑：自怨自艾，对自己失望，陷入绝望，沉溺于自怜，感觉自己是个不幸的受害者	1 2 3 4 5
消极攻击型：拖延，唯唯诺诺但并不是真心认同，或会通过冷战来间接惩罚别人	1 2 3 4 5
操纵：通过间接提出要求转移注意力，从不直接索取自己需要的事物	1 2 3 4 5
防御/说谎：说谎，隐瞒部分事实，歪曲事实，合理化，辩护或误导	1 2 3 4 5
敷衍：含糊其词，浑浑噩噩，转移注意力，引入无关信息，小题大做	1 2 3 4 5

软瘾经验谈

布拉德：我和一位朋友吵架了。我们都没有恶意，但我看到她脸上露出震惊、受伤的表情。我突然意识到我最后那句挖苦的话已经深深伤害了她——它比我想象中要残酷得多。这让我意识到我爱讽刺别人的软瘾并不有趣。这是个大问题。事实上，它差点让我失去了一个好朋友。我在自己身上寻找原因时意识到，在我的大家庭中，讽刺不仅是一种生存机制，也是一种身份认同的方式。在很多方面，这确实是适者生存的表现。为了生存，你必须拥有机敏的头脑和快速反击的武器。如果你不会攻击，你就会被攻击。我没有姐妹们那种犀利的机智，所以我开始用讽刺来攻击她们。当我意识到这个习惯的来源时，我对自己有了更多的同情。童年时，我曾把讽刺当作一种受到家人认可的方式，但它不再有用了。现在，当我开始讽刺别人时，我能很快地意识到并同情自己，然后做出不同的选择。我可以自豪地说，我的朋友圈正在扩大，而不是缩小。

情绪线索日记

我们的情绪软瘾和我们对事物的软瘾有着相同的积极意图，因此我们要把它们当作一种应对环境的机制。想想你的情绪和表现出现的原因。为什么你会对某种情绪或表现上瘾？你喜欢攻击别人，也许是因为你在成长的过程中总是感觉被攻击。或者，你得过且过，是因为曾经的某个老师总找你麻烦。想想你是如何长大的，又是如何发展出某种情绪软瘾来应对成长环境的，在这里写下你的想法。

_____
_____
_____

童年应对日记

你小时候是怎么应对不友好的成长环境的？

回顾一下你的软瘾，想想当你还是个孩子的时候，你是如何应对烦恼、情绪和挑战的。你从小养成的软瘾模式是什么样的？你最喜欢哪种软瘾？是沉迷于或逃避某些活动，还是某种情绪或行为方式，还是对食物的狂热、购物或收集东西的欲望？总结一下你到目前为止的发现，想想你为什么会对这些上瘾。记录你的想法和感受。

_____
_____
_____

> **更多思考**

在挖掘自己的原因时,要警惕并注意你对自己的判断。花些时间关注自己的想法和感受。试着给予你从小发展出的应对机制同情心。现在,作为一个成年人,你可以做得更好,而不是逃避到幻想中去,用暴饮暴食来麻痹不安感或在电视机前发呆。你可以直接处理那些让你烦恼的事了。

分手很难:给你的软瘾写封绝交信

认识到童年的经历以及你利用习惯来应对它们的方式是一项需要从多方面发展的技能。随着时间的推移和实践的进行,你会更充分地掌握这些技能。摆脱软瘾的一个有效方法是承认它们过去曾为你服务,但在你成年后它们就失效了,所以你要和它们"分手"。写绝交信是最好的分手方法。当我们的学员把特定的软瘾拟人化并给它们写绝交信时,他们通常会明白自己当初为什么会受到吸引。下面的练习很有效,可以清楚地说明为什么你会有软瘾。阅读下面的示例,然后试着自己写一封。这里有一些指导和提示,可以帮助你起草你的绝交信。

> 我从来没有试图屏蔽过去的记忆,即使有些是痛苦的。我不理解那些逃避过去的人。你经历的每一件事都会帮助你成为现在的自己。
> ——意大利演员索菲亚·罗兰
> (Sophia Loren)

- 告诉你的软瘾,你为什么要和它分手,就好像它是你的前男友或前女友一样。
- 赞美并承认它的积极意图,明确它是如何尝试帮你满足更深层次的需求却失败的。描述软瘾对你生活的负面影响。
- 用幽默和同情的方式来解释你与其分手的原因。

例子 1：

亲爱的戏精：

　　是我们该分道扬镳的时候了。我知道你一直想给我的主要是爱和关心，偶尔还有同情。你确实很迷人。你在我们家已经很长时间了，我感觉和你很亲近，我中有你，你中有我。我们甚至玩得很开心。

　　虽然我很害怕承认，但我们该分手了。这并不意味着我不感激你过去所做的一切。在我还是个孩子的时候，小题大做就是吸引养育四个孩子的单亲妈妈的注意力的一种方式。你在我刚上学的时候帮助了我，甚至还帮我认识了大学里的朋友，但我作为一个成年人，已经不需要你再为我服务了。你吸引了负面的关注，欺骗我相信你讲的故事：我只配得到同情，不值得被爱。你几乎让我相信我不可能拥有更充实的人生了。

　　然而，你错了。我可以拥有这样的生活！我值得被爱。直到我的内心开始感受到爱，我的渴望才会得到满足。所以，谢谢你。感谢你在我小时候帮过我，再见。

波琳

　　附注：你浪费了我生命中很多时间这一点让我很生气。所以别再露面了！

例子 2：

亲爱的白日梦：

　　和你在一起我很开心。小时候我哪儿也去不了，是你帮我逃出来的。我可以暂时忘记我的烦恼，可以想象自己又高又壮，痛打那些追我的恶霸。

　　做白日梦、幻想某个遥远的地方是很有趣的。然而每件事都有自己的限度。现实地说，我滥用了你。我不是用你来放纵我的想象，而是用你来麻痹我的意识。当我放松的时候，这也许是可行的。但是在工作中，如果没有效率和乐趣，我就不能进入最佳状态。此外，白日梦还影响了我生活的其他重要部分。

你耽误了我做家务、完成工作以及开展正常的社交生活。我为你付出了很高的代价，可我再也付不起了。我现在得离开了。保重，谢谢你。

杰克

找一张纸，给你的软瘾写一封分手信吧。

举行释放仪式

写完信后，你可能需要举行如下仪式：焚烧信件，把灰撒到任何你希望它去的地方。在信燃烧时，想象你正在释放你的软瘾。承认它们的积极意图和它们所做的工作。向它们保证，你会接替它们负责自己以后的生活，并找到其他更有成就感的方式来照顾自己，然后放手。

注意事项

仅仅破解一次密码是不够的，就像打一次网球不能让你成为冠军一样。练习新技能很重要。自我对话和看透问题本质的能力是需要反复训练的。

追踪软瘾的轨迹

除了从你的过去寻找线索外，你还可以在开始软瘾习惯之前通过注意自己当下的感受来发现你未被满足的需求和适应性反应的证据。通过观察此时此地的你自己，你会发现导火索——某种情况、未被满足的需求和其他因素——会触发某些软瘾。你可以问问自己：为什么我现在需要沉溺于软瘾？这种软瘾习惯在我的生活中起着什么作用？

这些练习将帮助你确定软瘾的功能原因，即它为什么会在此刻发作。当你开始沉迷于某种软瘾时，用这些练习来追踪你的想法和感受，你就能理解为什么你会在特定的时间选择某些软瘾了。

软瘾经验谈

雅各：我经常工作到深夜。开车回家的时候，我已经筋疲力尽，准备上床睡觉了。但是奇怪的事情经常发生。我累得几乎抬不起头，但还是会上几个小时的网——看汽车信息、听新音乐甚至阅读我不关心的新闻。当我开始深入观察时，我发现了一个规律。我选择上网而不是休息的夜晚，往往第二天都有要完成的大项目或者需要解决的问题。我感到焦虑。我的妻子已经睡了，而我转向互联网寻求安慰，但这从未奏效。当我上床睡觉时，我变得更疲惫，第二天也更没精神。当我意识到这一点时，我决定利用开车回家的时间和一位工作中的朋友交谈并制定策略。这很有用。回到家后，我不再那么焦虑了，床对我的吸引力胜过了网络。

重新审视你的软瘾模板

想象一下，你正在寻找宝藏，而你对软瘾的认识就是黄金。为了找到这个宝藏，当你有沉溺于软瘾中的强烈欲望时，你会去寻找你试图麻木的感受，或是面对你试图避免的情况。这样做的次数越多，你就越能明白为什么要这样做。你将更好地了解自己，并意识到自己潜意识的动机。你开始看到你的软瘾习惯

> 我们内心有大量自己都不了解的区域，在解释自己的情绪风暴时，必须考虑到这一点。
> ——乔治·艾略特

是如何与某些信念、感受和情况联系在一起的。看到这些联系，你就可以开始瓦解你的软瘾了。

在上一章中，我介绍了软瘾模板。在掌握了关于上瘾原因的新知识后，你可以重新审视这个模板，并向已经写好的模板中添加更多信息，或者使用附录中的表格为另一种软瘾填写一个新模板，看看它会带来什么结果。

填写软瘾模板

检查你今天的生活，选出一种你曾经沉溺其中的软瘾，然后问你自己：

1. 什么事件、情况或环境触发了我的软瘾？在我沉溺于这种软瘾之前，我在做什么或在想什么？

2. 我当时的感觉是什么（任何不愉快的感受或不舒服的情绪）？

3. 我对这个世界、我自己和其他人的什么错误观念可能触发了我的偏颇想法和软瘾？

你将开始看到你的软瘾习惯是如何与特定的信念、感受甚至情况联系在一起的。看到这些联系，你就可以开始对付你的软瘾了。

创建你的软瘾同义词典

在做之前的练习时，你会发现你各种各样的软瘾情绪和行为始终与潜在的感觉相关。意识到这些感觉很重要，因为这样一来你才能学会处理它们。为了发展这种意识，你可以创建一个同义词典。在表格的左栏列出软瘾，在右栏写下相应的感受。参考这些例子的风格，在下面完成你的同义词典。

软瘾行为	感受/情绪
评判他人	缺乏安全感/自我感觉糟糕/害怕面对自己的生活
聊八卦	孤独
疯狂健身	愤怒/怨恨
幻想和明星恋爱	在生活中感受不到爱

你的同义词典

软瘾	感受/情绪

当感受变成软瘾

　　随身携带你的软瘾同义词典，发现自己某种软瘾发作时，可以借助它来探寻自己的潜在感受。在继续沿着你的软瘾之路前进时，逐步丰富你的词典。当你发现自己沉溺于软瘾时，就拿出你的词典。它会帮你看到隐藏在软瘾之下的真实感受。想想你能做些什么来照顾自己的感受，安慰自己，或者更好地为某个情况做准备。你和你的情绪都是宝贵的，值得你好好对待。

本章回顾

　　你已经探究了你的软瘾在历史和功能上的原因，已经知道在软瘾之下有更深的渴望，现在可以学习直接识别并满足这些渴望了。随着旅程的不断深入，一定要警惕你发现的那些原因和错误观念。

在这一章中,你分析了软瘾背后的原因,并开始研究软瘾背后更深层的渴望。反思一下你从这些渴望中学到了什么。通过本章的概念和练习反思自己是如何成长的。

我学到的(我掌握了一些此前不知道的信息):
_____
_____
_____

我的成长(我做了一些此前不会做的事):
_____
_____
_____

第6章

满足你的精神需求

当你沉溺于购物或闲聊这种表面上的软瘾时,你实际上是在表达一种更深层次的精神需求,比如被了解、被接受、被联系或成为某种特别存在的渴望。这些精神需求是驱动你追求更充实生活的基本动力。当你发现这些更深层次的渴望并学会直接去满足它们时,你就开始设计一种令人满意的充实生活了。通过这些练习,你会发现精神需求的语言,将其与欲望和软瘾的语言对比,甚至开始将一种语言翻译成另一种,认识到是什么渴望隐藏在你表面的欲望之下。

确定你的浅层欲望

有欲望是正常的,关键在于了解欲望的本质。按照这些步骤来做,你会发现挖掘自己的欲望其实很有趣。

第一步:设置两分钟的计时器,在一张纸上列出你想要的东西——从现实的到不现实的,从小到大——从咖啡到阅读报纸,从你梦想的汽车、理想的薪水到幻想。一直写到计时器停为止。

第二步:享受欲望本身,而不必真的拥有想要的东西。想象一个商店里摆满了你清单上的各种东西。想象自己是一个小孩,跑进店里说:"我要!"小孩喜欢的是"想要"这种行为,但并不真觉得他们需要拥有自己喜欢的一切东西。你也应该学习他们那种单纯想要什么的欲望。

第三步：满足自己的一些欲望。如果你负担得起的话，可以尽情享受买一辆理想中的汽车的行为，或者吃一些巧克力，或者看一些电视节目。只要欲望没有开始限制或伤害你或他人，它们就没有错。如果你的欲望是有节制的，它对你的影响就会很小。

当欲望开始阻碍我们

欲望本身没有错，甚至满足它们也没有错，对它们的强烈渴望才是问题所在。我们觉得我们的幸福取决于能否得到想要的东西，但即使得到后我们也并不会感到满足。这并不是说我们不应该对我们吃的、消费的、玩的、想要的或者工作的对象有偏好。只是有时候，这种偏好会变成一种困扰，限制我们的自由。

下面这个故事告诉我们，在发现我们一直以来真正渴望的是什么之前，沉迷于某种特定的欲望会影响我们获得满足。阅读下面的故事，并按照后面的提示去做。

"那条裤子在哪儿？"艾莉森一边在衣柜里翻来翻去一边嚷道，把挂满衣服的衣架扔在地上，"就应该在这里的。我必须穿那条裤子！"艾莉森准备去参加一个节日派对，穿上了为这个派对买的休闲上衣，却找不到与之相配的休闲裤了。她在衣橱里乱翻，把东西扔在地板上。她在暴怒中狂乱地咒骂着。最终，看到房间里到处都是衣服的时候，她才意识到自己有多疯狂——她对衣服和漂亮的外表有一种软瘾。在终于平静下来后，她问自己到底在担心什么。她意识到自己希望能穿着"完美"的衣服被人看到，但她真正渴望的是感到自己被关注，是特别的，是节日的

> 成年人总能从孩子身上学到三件事：没来由的快乐、总是忙着做什么以及知道如何用尽全力要求自己想要的东西。
>
> ——保罗·科埃略

一部分，被人爱着。她一旦意识到自己真正渴望的是什么，就会意识到问题不在于裤子。她选择了另一套衣服，在派队上尽情享受。当她从疯狂的恐慌中走出来时，她才想起她把那条裤子拿去缝边了。

现在，拿出一张单独的纸，写下你自己沉迷于某一浅层欲望的经历，看看你能否注意到在你的欲望之下隐藏着什么样的渴望。

掌握精神需求的词汇

在练习过如何确定你的欲望后，是时候熟悉精神需求的语言——掌握更多关于渴望的词汇了。渴望指向一个方向或一种可能性。朝这个方向的任何行动都会多少满足我

> 满足对爱的渴望比满足对面包的渴望难得多。
> ——特蕾莎修女

们的渴望。更有甚者，仅仅是承认我们的渴望就会使我们得到满足，因为我们不再逃避真实的自我或隐藏更深层的渴望。比起之前确定浅层欲望的练习，这是一项更深入、更困难的任务，所以你要给自己时间和空间来反思。使用这些方法来帮助你确定自己的渴望。

第一步：看看下面列出的精神需求，在符合你情况的旁边打钩。关注那些能触动你内心的事情。

第二步：试着大声读出清单中的一些精神需求，例如"我渴望被看见"。

我渴望……

存在	被感动
去感受	被爱
被看见	被认可
被听见	去表达

去体验	有归属感
去学习	亲密无间
去成长	去爱
去信任	去做我来到世上该做的事
去探索	去改变世界
被了解	去实现我的目标
变得重要	去发现我的命运
去了解别人	成为某个更大群体的一员
去亲近	感受人类的共同命运
去感受联系	

体会精神需求和浅层欲望的差异

让我们更仔细地看看精神需求和浅层欲望之间的区别。你越了解这种区别，就越有把握在需要的时候区分它们。精神需求可以被定义为一种深层渴望，一种彻底改变我们当前生活的愿望，而浅层欲望比精神需求更直观、更具体、更容易描绘。我们想要非常明确的东西：精致新潮的商品、高级服饰、独特的汽车模型，甚至是某些人类对象、情绪或幻想，而这种欲望的对象必须完全符合描述才能满足我们。精神需求是灵魂的渴望，欲望是自我的要求。

在下面表格的左栏列出五六件你现在渴望的事物。你甚至可以参考前面列出的欲望清单。在右栏中，你可以猜测在欲望之下你更深层次的精神需求是什么。

我想要……	我渴望……
闪亮的红色跑车	被看见
曲奇/冰激凌	获得抚慰

> 更多思考

比较浅层欲望和精神需求的不同。

浅层欲望	精神需求
肤浅的	深刻的
自我的要求	灵魂的渴望
视觉上的，非常具体和详细，有特定的品牌、颜色、大小、类型	感受上的，一般适用于任何情况
有特定的满足方式	有无数种满足方式
饮鸩止渴，永不满足	一旦意识到就可以从根源上满足

通过电影分析两种不同需求

欣赏电影《甜心先生》。看电影时，试着列出你所看到的浅层欲望和精神需求。练习区分这两种需求的次数越多，你就能越快地注意到自己的欲望，并开始主动选择满足精神需求。

提炼你的精神需求

你在上面读到的精神需求清单只是一般的清单。你可能渴望一些不同的东西。下面是一些对精神需求进行提炼的例子。

我渴望得到家人、同事和邻居的尊重和钦佩。

我渴望得到满足、肯定和认可——我既能给自己带来满足，也能从别人那里得到满足。

我渴望得到关爱,珍惜自己的存在,尊重自己。我渴望快乐、自然、自由表达。我渴望活力和自由。

自定义你自己的精神需求清单并写在下面。

我的精神需求

我渴望:

_____

_____

_____

更多思考

学习分辨和表达我们的精神需求就像学习一种新的语言。我们大多数人都更善于表达浅层欲望——我们对软瘾的渴望——而不是内心强烈的精神需求。我们更容易说"我想要冰激凌"而不是"我渴望建立联系和改变世界"。

发现你软瘾之下的渴望

想想你最近沉溺的或某个持续困扰你的软瘾。问问你自己:当我沉迷于我的软瘾时,那一刻我真正渴望的是什么?如果我能接触到内心深处的精神需求而不是表面上的欲望,情况会有什么不同?将来,如果我受到诱惑沉溺于这种软瘾,我希望满足的是什么样的精神需求?记下你的回答。

找到满足精神需求的积极做法

在下面的表格中,你可以看到一些软瘾的例子、它们所掩盖的精神需求以及满足这些需求的积极的替代做法。创建你自己的表格,填上你的软瘾、你认为它掩盖的渴望和一些可能帮助你满足精神需求的积极做法。

软瘾	精神需求	替代做法
看电视	感觉与人的联系	给朋友打电话,出门
上网	学习和成长	去博物馆或去听一场感兴趣的讲座
加班	感觉自己的重要性	列出你所做的改变,为你的成绩而自豪
聊八卦	联系感、归属感	谈论你自己以及你周围的人,而不是无关的人
购物	充实感	为友情、想法、可能性付钱,而不是机械地购买东西
快餐	满足感	在食物以外寻找一些能迅速提供满足感的东西
网上聊天	联系感	打电话给朋友,和他们聊天

重新审视软瘾模板

现在开始使用前面的章节中提到软瘾模板来识别你的软瘾,注意是什么触发了它,并留意你的感受和偏颇想法。利用你在识别替代做法方面获得的经验,看看你本来可以做些什么。

一发现自己沉溺于软瘾或偏颇想法就使用软瘾模板是很有效的。它是一个强大的工具,将帮助你解锁自己的模式。

本章回顾

　　了解你的精神需求并将其与你的软瘾区分开来,是生活中一项重要的技能。关注精神需求的好处无处不在,包括改善你的人际关系。不要等到你已经很了解一个人的时候才通过满足精神需求而不是浅层欲望的方式与其建立联系,这会让你错过和对方发展关系的大好机会。

　　你已经了解了精神需求和浅层欲望之间的区别,并开始表达自己源于精神需求的渴望——渴望受到肯定、被爱、被看见。当你审视自己的软瘾和浅层欲望时,在下面写下你对自己的了解。你现在如何将这些新知识应用到你的生活中?

我学到的(我掌握了一些此前不知道的信息):

_____

_____

_____

我的成长(我做了一些此前不会做的事):

_____

_____

_____

第 7 章

构建你的愿景

构建愿景可以让你描绘出由总体目标引导的生活——一种能满足你精神需求的生活。愿景是促使你摆脱软瘾的动力。如果你不知道自己想成为什么样的人，不知道自己想过怎样的生活，你就缺乏令人信服的理由来摆脱软瘾。你想摆脱旧习惯，通常不是因为它们对你有害，而是因为你渴望更好的东西。你的愿景给了你前进的动力和能量。在某种程度上，愿景给了你一个理由，让你跨越软瘾的障碍，获得更充实的生活。

> 没有愿景的人永远不会实现任何崇高的理想或从事任何崇高的事业。
> ——美国前总统
> 伍德罗·威尔逊
> (Woodrow Wilson)

通过电影理解愿景

请欣赏电影《梦幻之地》(Field of Dreams)。凯文·科斯特纳 (Kevin Costner) 扮演的角色的愿景是什么？他是如何描绘它的？他更深层次的愿望是什么？这些愿望是怎样实现的？这个角色是如何让愿景指导自己的生活的？

> 愿景就是看到无形之物的艺术。
> ——英国作家
> 乔纳森·斯威夫特
> (Jonathan Swift)

愿景和目标

理解愿景和目标之间的区别很重要。愿景随着环境的变化而变化，可以作为试金石和指导原则，提醒你所有的可能性。愿景鼓舞并支持你，为你提供令人信服的想法，帮助你调整前进方向以及目标。

而目标是时间、空间和数量特定且可测量的。目标是具体的、可以完成的——这和愿景不一样，愿景永远不会"结束"。

愿景的作用不仅是解决问题或让你远离有害之物。除了解决问题以外，它还会帮助你满足心灵的渴望。

为了更好地理解这个问题，请阅读下面网球名将安德烈·阿加西（Andre Agassi）的话。

> 当我想到我的生活和目标时，我环顾四周，发现有一小部分人让我有点儿嫉妒，因为他们对自己所做的事非常着迷。他们的工作具有自己的生命力，有一种力量围绕着他们。像这样的人醒来时充满激情，有远见，并掌握着一些本超出他们控制的东西。

尽可能多地列出符合这种描述的人。他们还有什么共同之处？你能从他们身上学到什么？为了让你的生活与他们的更接近，你会做什么？

_____

_____

_____

愿景与核心决定的关系

最好是把愿景放在软瘾和核心决定的框架中进行定义。你可以从这个简单的定义开始：愿景指的是你在精神需求得到满足时的生活状态和感受。确定愿景以后，你可以想象如何遵照你的核心决定生活，并实现你对充实的追求。愿景包括你如何看待、感受、践行或体验你的生活，通常是通过动觉、听觉或数字化图像表现的。愿景是对充实生活的具象化，而核心决定表明了想要过这种生活的态度。为了明确这两个概念之间的区别，请阅读下面关于核心决定和愿景的例子，然后自己进行尝试。

我的核心决定：保持清醒，充满活力，感受自己的感受。我选择充分体验我的生活，活得深刻。

我的愿景：我活在当下，意识清醒。我充满活力。我步履轻快，目光闪亮。我能充分体验生活。我能适应我的感受并将它表达出来。我的身体感觉舒适自在。人们喜欢和我在一起，因为我与他们和我自己的心灵保持着联系。我把时间花在有意义的追求上，在体现了爱和真诚的关系上。我在生活中冒险，成长，并对周围的人做出贡献。

现在，你可以利用下面的空间写下你的核心决定和愿景。

我的核心决定：

_____

_____

我的愿景：

_____

_____

关于愿景，应该做的和不该做的

你已经知道愿景的定义和重要性了，那么该如何构建适合自己的愿景呢？

一个强大的愿景是一个你可以体验、感觉和听到的愿景。记住下面这些应该做和不该做的事情，它们可以帮助你构建强有力的愿景。

应该做的	不该做的
满足你的精神需求	只满足你的浅层欲望
拥有主动的愿景	满足于被动的愿景
满足你发自灵魂的渴望	只迎合你的自我
用现在时写下你的愿景	用将来时写
用愿景来加深你的生活体验	用愿景来幻想逃避生活
想象你的核心决定在起作用	想象你的软瘾在起作用
激励自己	麻木自己
想象自己的感受和生活	满足于一个模糊的愿望
确定你要取悦的是你自己	取悦别人
措辞积极肯定	使用否定措辞
想象更充实的生活	限制自己的可能性

更多思考

许多人会错误地构建被动的或针对特定情况产生的愿景，而这种愿景往往是消极的。例如：我不想像我妈一样胖。而积极的愿景是：我很健康，感到浑身充满了活力。

愿景的构成

想想你生活中各个方面的愿景。通过从多个角度考虑愿景是什么，你可以构建整体的愿景，让它涵盖你生活中的所有方面。回顾你生活的各个方面，参考下面的愿景示例，然后为生活的各个方面写下你自己的愿景。

各领域愿景示例

身体：我们如何感受我们的身体，如何使用它？它对我们意味着什么，是如何发展和构成的？我们如何对待它？

自我：我们的自我感觉、自我发展、自尊、情感、个人成长和工作。

家庭：我们的原生家庭和我们选择组建的家庭。

其他：我们的朋友、同事、熟人和邻居。

工作和娱乐：我们的职业、业余爱好以及劳逸结合的情况。

社会原则：我们更高的原则和价值，以及我们如何在我们生活的世界中体现这些原则和价值。

精神：我们与精神世界的联系，以及我们如何在生活中实践精神追求。

莉莲娜的例子

莉莲娜是一名视频制作人，同时也是一个母亲和社区的领导者。这是她表现愿景的方式，对她来说有强有力的鼓舞力量。

整体愿景：我充满活力。我的创造力自由地流动，触及我生活的各个方面。我在身边创造美，并与生活中的所有人分享我对美的天赋和热爱。我愉快地向周围的人表达我的爱，并被他们的爱和支持所鼓舞。

身体：我生机勃勃，充满活力，健康而强壮。我珍惜我的身体并爱护它。我会对摄入的营养进行规划，让自己保持平衡。我用我的身体跳舞，优雅地移动。我为我现在的身材感到骄傲。

自我：我尊重自己，相信自己的直觉。我同情自己。我让我内心的智慧不断显现。我坚持自己的观点，相信自己无论在哪里都会做出贡献。

家庭：我的家庭是我获得的支持和养分的来源。我与家人们坦诚相待，深入联系，一起玩耍，在各自的愿景中相互扶持，并希望彼此做到最好。我们喜欢在彼此的陪伴下真实地表达自己。

其他：我正在发展越来越多的友谊，建立具有挑战性的、有趣的和相互激励的关系。我和异性约会，也和同性聚会。我的人际关系是真实而充满力量的。

工作/娱乐：两者都是快乐的，感觉是一样的。我对待工作和娱乐一样认真，并利用娱乐来维持工作动力。我通过工作与他人建立联系。在工作中，我充分为他人服务，创造美好的事物。

原则和社会：我把我的创造力献给周围的世界，并帮助其他人建立联系和表现他们的创造力。我在有意义的公益项目中贡献我的创造力。在所有的人际互动中，我都能创造价值。我会为我的邻居、学校和社区做贡献。我为社区提供资源，是优秀的创造者、倾听者与鼓励者。

精神：我经常自省。我知道自己被上天关爱和珍惜，即使我偶尔会忘记爱自己。

现在，写下你自己的愿景。构建愿景是一项艰巨的任务，不要让这个练习压垮你。虽然你想花多少时间就花多少时间，但你可以在一两分钟内构建对生活各个方面的愿景。记住，你可以在任何时候修改你的愿景，所以不要觉得每个词都必须是完美的。你只要觉得某些表述是对的，它们就可以成为适合你现阶段情况的愿景。复习针对每个生活领域的问题，然后畅所欲言吧。你的愿景就在你的内心，等待着你的许可去表达。

我的核心决定：

_____

_____

我的软瘾：

_____

_____

我的渴望:
_____
_____

我的整体愿景:
_____
_____

身体:
_____
_____

自我:
_____
_____

家庭:
_____
_____

其他:
_____
_____

工作 / 娱乐:
_____
_____

原则和社会:
_____
_____

精神:
_____
_____

愿景二人组

创建愿景的一个美妙而有力的方式就是找到一个同伴。请同伴为你朗读第 7 章 "构建你的愿景"中有关生活领域的问题,然后用一两分钟时间大声说出你脑海中的愿景,让同伴为你做笔记。然后换你来读问题,他/她在你做笔记时用他们的观点做出回应。你可能会对你在这个简单而深刻的练习中体验到的深度感到惊讶。你们还可以更深入地了解对方。许多夫妻一起做过这样的练习,并对他们体验到的深刻联系感到惊讶。

软瘾经验谈

杰瑞:我和贝琪就我们的愿景互相提问,度过了一个很棒的假期。这给我的感觉就像重新认识她一样。我感到我和她的距离比以前更近了。我更了解她,知道什么对她更重要了。第二天早上,我们想起了我们对身体的愿景,于是一起沿着海滩奔跑。那感觉太棒了!

用你的愿景激励自己

现在,用你的愿景做些事情:和朋友分享你的愿景;把它做成屏幕保护程序;把它绣在被子上;在浴室的镜子上贴一张愿景的便条。

一次又一次地重复想象你的愿景;用它来激励你,引导你的行动;复习它,让它继续为你提供营养;做一个代表愿景的创造性拼贴;把它写在你的日记里。

在日历上做好记录,第一周每天检查一次,之后至少每周检查一次;让朋友监督你,或是构建他们的愿景并与你分享。

给自己写一封信,表达你的愿景;把信交给一个朋友,让他/她在一年内把信寄给你,问问你是如何实现你的愿景的。

> **注意事项**

虽然我们都有能力创造愿景，但我们也很容易犯错，从而毁掉这些愿景。注意那些可能会影响你实现愿景的因素：

- 对自己的梦想感到尴尬
- 来自偏颇想法的嘲笑
- 过度关注别人对你的梦想的反应
- 把模糊的愿望或幻想与愿景混淆

把你的愿景付诸行动

当你想起你的愿景时，它就给了你一个令人信服的理由去摆脱软瘾——至少能让你注意到自己正在被软瘾牵着鼻子走。例如，你如果记得你对婚姻关系的愿景是"诚实和亲密"，那么就有理由摆脱你对说谎或隐瞒的软瘾，告诉配偶真相，比如承认那些鞋子到底花了你多少钱。

选择一个你刚刚创建的愿景，并将它应用到你生活里可能出现的情况中。它如何帮助你生活得更有力量？它如何帮助你抵抗你的软瘾？在这里记录一些可能性。

我的愿景	在生活中的应用

....

软瘾经验谈

杰克：我的梦想是把人们聚在一起，结成互助者联盟。终于，这个梦想实现了。我们的第一次活动非常成功。但我后来意识到，我并没有以帮助别人为自己的生活愿景，而是一直在打量到场的每一个单身女性，努力展现自己的魅力。整个晚上，我都沉浸在我对调情的软瘾中。我没有按照让这个联盟健康发展的方式和成员们交流。如果没有愿景，我想我甚至不会注意到自己在做什么。我主持第二次会议的方式非常不同。讽刺的是，这实际上让我和女性进行了更好的对话，真正结识了一些素质很高的人，并实现了我的愿景。

....

本章回顾

你的愿景是你生活的一部分。它定义了对你来说重要的事物。当你全身心投入其中时，它会随着你的成长而发展。愿景是你的核心决定，适用于你生活的方方面面。虽然它可以引导你在一段不断前进的旅程中满足你更深层次的渴望，但你必须学会分辨被动的"愿景"和欲望的诱惑。你需要用核心决定和你的愿景的力量来抵抗它们的魅力。

> 梦想为灵魂提供营养，就像食物为身体提供营养一样。
>
> ——保罗·科埃略

我学到的（我掌握了一些此前不知道的信息）：

_____

_____

_____

我的成长（我做了一些此前不会做的事）：
_____
_____
_____

第8章

通过加减法来实现愿景

通过给你的生活增加养分、满足你的精神需求,你将开始自然地减少对软瘾的依赖,从而自动获得更多的时间、金钱、意识、满足感和爱,这些都会增加你的快乐。"生命 + 精神养分 − 软瘾 = 充实"被称为"获得更充实生活的公式"。它将帮助你实现你的愿景,让你过上你想要的生活。

> 就算只是一点一点地增加,也很快会堆积如山。
> ——古希腊诗人赫西奥德(Hesiod)

本章和下一章的主要任务是帮助你建立你的公式和模板。这个模板是一份工作文档,你将用它制订计划来打破软瘾,追求更充实的生活。你将把这个计划应用到你的生活中,让它指导你的行动。

掌握加减法

你可以根据下面的清单,选择添加一些选项到你的生活中,再减去一些。加减法会帮助你建立起引导你摆脱软瘾的计划,获得你想要的生活。

为更充实的生活做加法

＋养分和自我关爱:身体、思想和精神方面

＋养分和维护：定期和及时的自我关爱，从安排锻炼、按摩、医疗检查到悉心照顾自己

＋接受情绪的能力：发展你的情感技能，认识、定义感受，完整、负责任地表达和应对你的情绪

＋个人力量和自我表达

＋争取的勇气：辨别你的欲望，追求你的理想，想说不就说不，站在你自己一边，学会负责任地抗争

＋对才能的发展和分享：承认你的天赋，并在生活中分享它们

＋创造性表达、幽默和积极生活方式：选择与软瘾相关的情绪和生活方式相反的情绪和生活方式

＋亲密感：更靠近你自己和他人

＋人生目标和精神世界：为你的核心决定而活，并找到你的目标

＋清醒、活力和精神养分：在日常生活中发现精神的力量

＋美好和激励：让美好事物围绕着你，不要等待他人的激励，去主动激励他人

＋对精神需求的满足：复习第8章中关于渴望和生活任务的表格

软瘾经验谈

我在晚上增加了烛光浴，而不是草草地冲澡。

我每天早上上班前都会拨出15分钟来阅读，这样起床就更容易了，因为我有了盼头。

我去健身房后会洗个桑拿——这就像是对锻炼的一种奖励。

我下班后要和丈夫去湖边散步，而不是上网。

为更充实的生活做减法

用以下步骤减少你的软瘾的数量、频率和持续时间。

- 确定恶性循环从何开始，减去其诱因
- 循序渐进做减法
- 减去消极想法
- 减去杂乱

加上直接满足精神需求的任务

在左栏列出一些你在第 6 章中发现的精神需求。在右栏列出任何能满足这些需求的活动或任务。

回顾第 8 章中 154 页的清单，将你的精神需求与生活任务匹配，以满足它们。哪些听起来很吸引人或对你来说比较可行？把它们记在这里。

我的精神需求	生活任务 / 活动

给自己养分

现在,把可行且能直接满足你精神需求的任务或活动加入上面的表格中。你可以用这个表来制订你的计划。现在就选一种活动来制订计划,然后写下它对你的影响。你能看出这种加法会如何帮助你摆脱软瘾吗?

_____

_____

_____

我想添加到生活中的事物

回顾上面的总结和第 8 章中吸引你的事物,选出要添加的记在这里。在准备你的计划时,你可以从列表中选择一些,并将它们加入你的公式。

> 你对世界的净价值通常是由你的好习惯减去你的坏习惯后剩下的东西决定的。
>
> ——美国发明家
> 本杰明·富兰克林
> (Benjamin Franklin)

我想添加到生活中的:

_____

_____

_____

我想从生活中减去的事物

列出你想从生活中减去的事物——软瘾。在准备你的计划时,你可以从这个列表中选择一些,输入你的公式。

我想从生活中减去的:

_____

> **软瘾经验谈**
>
> **杰西卡**：我沉迷看电视，不可能一下子戒掉这个习惯。在研究过我的公式以后，我决定先把电视从卧室里搬出去。后来，我就习惯电视不在卧室里的感觉了。我喜欢上了睡觉前的安静。然后，我决定把看电视的时间限制在每天两小时以内。当我再次习惯以后，我决定取消有线电视订阅。最后，我决定一周只看五天电视，在餐馆里也都背对着电视。这些都是小步骤，却产生了巨大的影响。当然，我偶尔还会看电视，但电视已经不像以前那么重要了。另外，我知道自己可以一步一步地完成这个任务，没什么大不了的。

应该做和不该做的事

在下一个练习中，你将开始建立让你的生活更充实的公式。但在你开始这段旅程之前，回顾一下应该做和不该做的事，以帮助你的计划走上正轨。

应该做的事	不该做的事
把目标和行动步骤与你的愿景联系起来	把行动当成负担
满足你的精神需求	只满足你的浅层欲望
做加法	只做减法
加入美好、表达、灵感、同情、幽默、感恩	加入更多软瘾
为成功做好计划	做庞大的计划

（续表）

应该做的事	不该做的事
分小步完成目标	认为某些步骤太小或没有意义
享受学习的过程	急于求成
有可衡量的目标	抱有模糊的愿望
重视每一步	被压垮
只选择一件事来做	同时做多件事
加入支持和责任	做独行侠
记住你的愿景	忘记你正在实现梦想这件事

软瘾经验谈

乔：我趁着大斋节期间减肥，减掉了十几公斤。别人问我是怎么做到的，我说，用加减法。与其说我在减肥，不如说我是在做加法。我每天阅读鼓舞人心的文章，每周和伴侣约会，早上沿着湖边跑步，下班后弹钢琴……食物并不是我获得营养的唯一方式。减掉多余的体重是很容易的。我在斋戒期间也完全没有不满足的感觉！

设计你的公式

用这种加减法来指导生活，你就可以让你的梦想成真。你现在应该准备为实现你的愿景制订一个计划了。这个计划将帮助你确定哪些加减法是有意义的，并将建立目标和行动步骤，把你的愿景变成现实。清晰地表达你的愿景，识别你的渴望，意识到你特定的软瘾习惯，所有这些都会让你更接近你的愿景。现在是时候制定目标、规划长期结果、设计行动步骤和具体策略来实现你的愿景了。

公式详解

整体愿景和生活各方面的具体愿景

在前一章中，你已经有了整体的愿景以及对生活各方面的具体愿景。现在，你可以为每个领域制订目标和行动计划了。你也可能想选择一个最紧迫或最重要的，或者你现在最有动力做出改变的领域。选择哪个领域都可以。最重要的是选择一个起点，然后去做。

参考你的精神需求

就是你在第6章中提到的那些渴望。你也可以从精神需求的列表中选择。

阻碍你实现愿景的软瘾

在第3章中，你确定了你的软瘾。把它们列举出来，可以加上你在阅读本书时想到的其他软瘾。你不需要同时处理所有这些问题。从其中任何一个方面开始努力都会带给其他方面积极影响。

目标和行动步骤

加减法会帮你确定具体目标。在实施计划时，用可衡量的结果而非模糊的愿望来描述你的目标。选择具体和可实现的行动步骤，并确定你可以完成这些行动。开始的时候要简单一些，确保有个成功的开端。朝着你的愿景迈出的任何一步，无论多小，都有助于创造更充实的生活。

为你的目标选择一个时间段——可以试着从一年开始，将其分成三四段——然后选择不超过三四周的强有力的行动。你也可以选择只需要一天或一周就能完成的行动，然后重新做调整。

现在，你可以开始创建自己的公式和加减法模板了。你可以为你生活的每个领域创建一个模板，然后通过复制附录2中的空白表格来为你自己的发展愿景创建新的模板。你可以参考第 8 章末尾泰勒的计划。

品尝更充实生活的行动步骤

下面的行动步骤模板可以帮助你开始并尝试更充实的生活。你可以把它们添加到你的计划中，或者让它们激励你采取其他行动。

我的核心决定：

_____
_____

我的愿景：

_____
_____
_____

我的软瘾：

_____
_____

我的渴望：

我想满足的主要精神需求有哪些？

_____
_____

我的加法：

我的目标：我想在生活中添加什么来满足我的精神需求？

_____

    我的行动：我将采取什么步骤来实现我的目标？

_____

_____

_____

我的减法：

    我的目标：我将减少什么来抑制我的软瘾？

_____

_____

    我的行动：我将控制或省略什么？

_____

_____

_____

用一顿饭来提升创造力

    下次你做饭的时候，无论多么简单，都要享受准备食物的过程中体现的创造力。欣赏这种创造性的活动是如何在精神和身体层面给你养分的。把饭菜端上桌的过程也可以很有趣——穿上食物起源国的服饰，播放当地的音乐，装饰餐桌或者去野餐……一顿饭就变成了一场活动。

增添美丽与减少杂乱

    找到一种能给你的生活增添美丽的方法，现在或一天结束之前去做。与此同时，确定一种方法来清除那些可能妨碍你增添美丽、减少杂乱的事物。今天就行动起来。你可能会找到同时做这两件事的机会，无论是在办公桌上、工作室里、床边还是家中你经常走过的地方。

用"灵感包"滋养精神世界

做一个自己的"灵感包"，放进对你来说养分十足、鼓舞人心的物品（比如日记、喜欢的读物、音乐播放器、笑话书），让它给你打气，随时给你提供灵感。旅行时带上这样的灵感包。你会带什么呢？你身边总有什么能激励你、鼓舞你的精神。

本章回顾

在这一章中，你练习了加减法：添加能促进你实现愿景的东西，减去那些会夺走你愿景的东西。你还制定了自己的公式。当你给你的生活添加真正的养分，你的软瘾自然会减少。当你减去你的软瘾，你会自动获得更多的时间、资源和意识。

我学到的（我掌握了一些此前不知道的信息）：
_____
_____
_____

我的成长（我做了一些此前不会做的事）：
_____
_____
_____

第 9 章

获得支持并负起责任

你的公式是让你梦想成真的蓝图。在你的核心决定和愿景的指引下,你制定目标和行动步骤,充实你的生活并消除你的软瘾。为了确保计划的成功实施,你需要责任和支持。

这些练习将帮助你制定策略,将责任融入你的生活,寻求支持,并创建一个强大的支持网络,以提高你的生活质量。它可能会让你觉得寻求支持是脆弱的举动,但没有它,你的计划才是脆弱的。支持和责任是只写在纸上的计划(蓝图)和付诸行动的计划之间的区别。你将通过添加截止日期、奖励、结果以及特殊形式的支持来完成你的公式。

评估你与责任的关系

责任意味着你要考虑和评估你与目标之间的关系。这个词给你带来的感觉是积极的还是消极的?在责任方面,你还记得哪些可能会影响你感受的经历?你能想出帮助你体验责任的积极方式吗?记录下你对责任的想法。

_____

_____

_____

负责的方法

有几种方法可以让你对自己的目标和愿景负责：

- 告诉别人你的愿景
- 为目标和行动制定时间表
- 与他人一起评估进展
- 设置奖励
- 设置"惩罚"

从这些方法中做选择，为你的公式增加责任和时间表。

告诉别人你的愿景

告诉别人你的愿景、新目标和行动。让朋友检查你的进步，但请他们不要催促或评价你。你会告诉谁？现在给某个人打电话或发信息吧。

为目标和行动制定时间表

你所有的目标和行动都应该有一个时间框架。你的目标应该覆盖更长的时间段——每月、每季度或每年。你每一步行动的时间可以是几天、一周或一个月。把这些看作你所有目标和行动的灵活节点（而不是最后期限）。

要现实一点，不要在你现在的状态上做太大的飞跃。不要担心迈出的一步太小——你总是可以为你的计划增加更多步骤。

利用"截止日期"一栏来掌控更多目标和行动，并把行动步骤写进你的日程表或日历里。每个步骤都应该有适当的频率、持续时间、开始和截止日期。你可以参考杰瑞的公式，在下面写下你的步骤。

目标	行动步骤	截止日期
做一个有趣、活泼的人，与他人建立联系，有归属感，天天开心。		
＋和别人"玩"——平均一周一次	＋和朋友打篮球 ＋打保龄球，骑自行车，和孩子玩棋盘游戏	周日晚上 选一种一周一次
－玩电脑游戏	－把电脑游戏从硬盘上删除	周日晚上

与他人一起评估进展

想想你可以请谁定期和你一起回顾和更新你的计划——你的配偶、朋友、同事，也可以以家庭为单位每周一起做。

现在，将这个人添加到上一章中公式的支持栏中，并在"截止日期"一栏填上时间。

设置奖励

负责不仅意味着要评估你的目标，也意味着在完成目标时也需要奖励自己。成功地少看电视一个月后，犒赏自己去看想看的演出吧；锻炼后在桑拿房放松一下；读一本你曾经想读的好书，或者在完成之前因拖延而未完成的任务后洗个泡泡浴。为自己计划有意识的休息，并利用休息来庆祝自己完成行动步骤。除了强化你的行为外，奖励还有一个额外的好处，就是它们本身也可以充实你的生活。

想想你能为实现目标或完成任务提供怎样的奖励，写在下面。

设置"惩罚"

虽然奖励是强有力的激励,但当你没有达到你的目标或没赶上截止日期时,它可以帮助你设定"惩罚措施"。这些措施可能是支持性的,能帮助你制定实现目标的策略:记下你的感受和受到的阻力,打电话给朋友寻求支持,或者给你最喜欢的慈善机构捐款。设定有教育意义的、合乎逻辑的措施不会让你真的感到受了惩罚,但会帮助你在未来取得成功。

想想可能的"惩罚措施",然后选择一个添加到你的公式中。

_____
_____
_____

确定你当前受到的支持

来自他人的支持会提高你实现目标的可能性。你会发现有人会认可你的决定,庆祝你的胜利,并在困难的时候帮助你不失去信心。如果没有他人的支持,你的计划几乎不可能付诸实施。有了支持,你可以让你的愿景成为现实。

从现在开始思考你在生活中得到的支持。你在哪里得到了很好的支持?你在哪里可以得到更多的支持?你给予他人的支持比你得到的多吗?你对你获得的支持有什么感受和反应,是否抗拒它(即使你知道这可能对你有"好处")?在这里写下你的答案。

_____
_____
_____

....

软瘾经验谈

琼妮：现在我能意识到自己什么时候会陷入困境了，因此会及时寻求支持。以前，当我感到受伤时，我只想一个人静静。我自我孤立，开始使劲往嘴里塞东西，试图这样满足我的感情需求。最后，我发现暴饮暴食并不能满足我真正的渴望，于是我开始做出更好的选择，比如和朋友聊天。我不仅吃得更少，体重也轻了，而且感觉和朋友们更亲近了！我甚至每天都过得更有效率，生活的目的感也更强了。我开始明白，我有能力创造生活中我想要的东西。

....

寻求支持

回顾寻求支持的方法，然后开始行动，你将建立和强化你的支持系统。

获得支持的途径

- 敞开心胸，获得新支持
- 参加新活动，发现支持者
- 向家人和朋友寻求支持
- 接受改变的决定

为新的支持开源

- 与他人交谈——每个人都会在某种程度上提供你支持
- 给他人支持
- 加入互助小组
- 与他人合作

支持的长期影响

- 成为他人的"愿景守护者",也让他人及时提醒你你的愿景
- 创建长期团队
- 寻找榜样和灵感
- 从精神世界和大自然中获得支持

选择要采取的行动

从上文中选择一些你可以采取的行动来为你的生活获得更多支持。在这里列出来,然后加入你的公式。

_____

_____

_____

行动示例

你可以采取这些行动来开始。

向家人和朋友寻求支持

选择一位家人或朋友,告诉他/她你的核心决定、愿景以及你想如何与他/她分享你的人生道路。让他/她知道自己对你很重要,你需要他/她的支持。你可能会发现,有些人就算不同意你的想法,可能也愿意支持你,因为他们知道他们的支持对你很重要。如果他们不支持你,你也可以找到其他支持你的人。当别人不想和你一起改变时,你要允许自己感到受伤、生气或害怕,这很重要,可以让你充满力量,坚持承诺。当他们愿意和你一起改变的时候,你要感到高

兴。在与他人分享你的想法时，记录下你的一切感受以及他们的反应。

加入互助小组

不要低估一群追求充实的人的力量。鼓励你周围的人加入你的充实小组，或自己加入一个正在活动的小组。在这里写下你关于创建或加入这种小组的想法，标明时间节点，然后将它加入你的公式中。

_____

_____

_____

软瘾经验谈

迪克：我缩减了看电视的时间，也不再抱着手机刷个不停了。现在我有更多的时间陪女儿和妻子了。我给女儿们的足球队当教练，每周和妻子约会。我不知道如果没有人支持我能否做到这些。定期与他们见面会让我减少一些羞耻感，得到一些同情。我如果是单打独斗，会倾向于隐瞒软瘾，有时甚至会说谎，而成为群体中的一员有助于我说出真相。群体让我不会感到孤独或格格不入。然后，他们会为我接下来要采取的行动提供好的建议，并确保我采纳它们。

记录你的愿景

为自己找到一个"愿景守护者"。问问你的朋友、同事、家人，甚至是你的上司，他们会支持你努力改变生活，成为你的愿景守护者。把写好的愿景交给他/她，并要求他/她定期或在需要时提醒你。在你陷入困境时，请他们提醒你。在你有疑问时，打电话给他们。

> **注意事项**
>
> 我们大多数人不会清醒地判断谁是能帮助我们实现愿景的最佳人选,结果就会被品味相近的人吸引——这通常意味着我们会和有同样软瘾的伙伴一起玩。

创建长期团队

获得充实的生活是一个持续的过程,当你朝着目标前进时,有人支持你是很重要的,但在你实现目标后,有人帮助你也同样重要。一个支持网络可能不同于你目前看作朋友的圈子。你的支持团队需要由那些在自己的生活中追求更高目标的人组成。你可以利用支持网络来评估谁适合加入你的支持团队。

开发你的支持网络

- 列出可能的团队成员人选。
- 创建一套包含5到10条价值/标准的体系来评价他们。你的标准可能包括诚实、活泼、提供良好的指导或其他任何你看重的品质。
- 按照你的标准给每个人打分,按1到5计分,然后把每个人的得分加起来。

你可以参考莎拉的例子:

姓名	品质					得分
	真诚	负责	可靠	支持	有追求	
乔安娜	4	3	4	2	3	16
菲尔	5	4	4	4	4	21

把你的价值观写在下表里,然后给你评估的对象打分。

姓名	品质			得分

向那些得分最高的人寻求支持，并向他们提供你的支持。和那些能帮助你获得更多价值的人在一起。你可能会惊讶地发现，你最优质的支持来自出乎你意料的人。

> 我们所支持的人反过来支持着我们的生活。
>
> ——奥地利小说家
> 玛丽·冯·艾布纳-埃森贝克
> （Marie von Ebner-Eschenbach）

你会支持谁

你可以从列表中选出一些人写在下面，也可以写下你选择帮助他们过上理想生活的人。

_____

_____

_____

将支持付诸行动

把你新建立的支持系统付诸行动。重新审视你在公式中选择的每个目标和行动，填写计划中的支持栏，列出你为了获得支持而将采取的行动，或可以支持你的候选人的名字。

本章回顾

根据定义，愿景是一件大事。没有他人的帮助，一个人是很难实现愿景的。其他人的支持为你提供了实现愿景的资源。而责任意味着你要反思自己进展如何，并根据反馈来评判自己在这个过程中做得如何。

> 要想让自己的梦想成真，最可靠的方法就是帮助他人实现梦想。
>
> ——美国作家
> 伊丽莎白·恩斯特龙
> (Elizabeth Engstrom)

我学到的（我掌握了一些此前不知道的信息）：

_____

_____

_____

我的成长（我做了一些此前不会做的事）：

_____

_____

_____

第 10 章

弯路与校正

你已经学到了摆脱软瘾的八个关键技能。应用其中任何一种技能都有助于你改变你的生活模式。这是一段可以持续你一生的旅程。

在这段旅程中,你会逐渐改变你的习惯,使自己变得更有意识、更清醒、更有活力。但是,请记住,多年来,你的软瘾已经麻木了你的意识和感受。这些新的生活方式可能会激发你的情绪,挑战你的信仰体系、友谊和熟悉的习惯。你可能会在通往充实生活的路上遇到路障,需要规则来引导你回到正确的道路上。

> 只有穿过弯弯曲曲的道路才能越过高山。
> ——德国思想家歌德(Goethe)

通过这些练习,你会看清不可避免的挑战和弯路,并导航回到正确的道路上。

通往充实的道路上的挑战

在通往充实生活的道路上,你会面临三个主要的挑战:接纳更多感受,进入未知领域,动摇对自我价值的信念。这三个挑战中的每一个都能激起人们的情绪。培养应对感受的能力,你就会为应对这些挑战做好更充分的准备。摆脱你的软瘾意味着你不再麻痹你的情绪。如果你没有准备好应对情绪,你很可能会崩溃并重新陷入软瘾,以麻痹你新发现的真实感受。为了做好克服在通往理想生活的道路上由感受造成的障碍的准备，请完成下面关于感受的调查。

评估感受

完成以下对感受的评估。

按 0 到 5 给下面的问题打分，并在空白处填上你的分数。

0：根本不符合
1：基本不符合且不感到压力
3：偶尔符合且能感到一定压力
5：完全符合且压力很大

____ 你在有情绪的时候能意识到吗？
____ 你能分辨情绪在你身体里所引发的感受吗？
____ 你能确定你的感受并充分表达吗？
____ 你能坦然面对你的感受吗？
____ 你愿意把感受作为视为经历的重要部分来接纳吗？
____ 你对各种各样的感受诚实吗？
____ 你能否用一种健康、充实的方式来表达全部感受？
____ 你能否在你的感受提供的信息中寻找线索？
____ 你能通过了解自己的感受了解自己吗？
____ 你能借助感受找到应对某种情况的有效方法吗？
____ 你能把你的感受当作快乐的源泉而不是用它来躲避痛苦吗？
____ 你能进行完整的情绪表达吗（反例则是过度表达了一种情感而不是另一种，比如用愤怒掩盖了受伤，或用痛苦掩盖了愤怒）？
____ 表达愤怒会让你头脑更明晰、认知更深刻、决心更坚定吗？

___ 表达痛苦会给你带来平静和解脱的感觉吗?

___ 你是否经常有全身心享受快乐的时刻?是否经常感到幸福?

___ 你充分表达了你的爱吗?

___ 你能接受爱的表达和爱本身吗?

通过这些回答来思考并发现你能如何在与感受的关系中得到成长。大多数人不会对每个问题都给出3或5的回答。即使对你已经做出肯定回答的问题,你可能仍然想要加深你与你的感受在那个领域内的关系。你越负责任地接受和表达你的感受,就越不容易崩溃或再度沉迷于软瘾。对自己和自己感受的了解是永无止境的,也是不断深化的。

现在,回过头来,圈出你最想回答的5个问题。以这些问题作为对自己的一种邀请,来更深入地发展你与你的感受之间的关系。

找出你对感受的错误观念

想想你从家人和邻居处接收到的关于感受的信息。你对自己的情绪有哪些消极和错误的看法?把你的消极信念写下来,比如:

我不该有感觉。

我必须隐藏我的感觉。

过于情绪化是错误的。

我无法控制自己的情绪。

只有懦夫才有情绪。

公开表达情绪的人不是懦夫就是怪物。

我得振作起来,忍耐一下。

如果我开始表达情绪,我将无法正常工作。

_____

_____

_____

你想怎么做

现在，写一份声明，说明你想如何应对你的感受。你的核心决定和你的愿景可能会提醒你感觉和表达自己的重要性。随身携带这句话，或者把它贴在显眼的地方，设成屏幕保护程序，和朋友分享，配上插图，镶上框……

> 偶尔把感情发泄出来，不论是高兴还是不满，对男人的心灵都是一种极大的安慰。
> ——意大利历史学家
> 弗朗切斯科·圭恰迪尼
> （Francesco Guicciardini）

_____

_____

_____

改善你与感受的关系

采取一些行动来改善你与你的感受的关系。从更多地了解自己的感受以及如何运用它们开始，允许自己去体验它们。下面列出了一些可能性。选择你愿意做的事，然后去做。

研究锻炼你的感受的技能和负责任地表达情绪的方法。比如，去上表演课，从中学习各种各样的表达方式。

看看儿童是如何表达各种情绪的。看看大多数孩子是如何轻松地应对感受、释放情绪并继续前进的。让他们激励你，让各种感觉贯穿全身。

收集表达不同情绪的人们的照片拼在一起。用它来激励你去充分地体验和表达。

随着时间的推移,把你从杂志、朋友处或互联网上找到的照片换成反映自己全方位感受的真实照片。

练习通往充实生活的准则

下面的几条准则可以帮助你应对这些挑战。应用这些准则并不意味着你在追求理想生活的过程中永远不会遇到困难,但它们可以缓解倒退的过程,或者在你迷失方向时缩短你重新回到正轨上的时间。

准则1:做好准备。如果你通过预见生活中可能出问题的领域来做准备,你就不太可能沉迷于软瘾。想想你明天的生活,有没有什么特别具有挑战性的情况会让你沉迷于软瘾?哪些方法能帮你做好准备?准备午餐、安排和朋友聊天、现在就制订锻炼计划……选择一个情境,采取一种行动。

具有挑战性的情境	要采取的行动
工作报告	和拉里预演一次

准则2:不要恐慌。故障时有发生。你可以借助其他规则回到正轨上。

准则3:寻求帮助。在你真的需要帮助之前先练习寻求帮助。想想你在什么地方可能需要帮助,写在下面。

_____

准则4:继续前进。

准则 5：一路学习，一路成长。 坚持每天写成长日记。记下你遇到的挑战、学到的教训、培养的技能或需要采取的行动。

> 如果你正在经历地狱般的生活，那就坚持下去。
> ——温斯顿·丘吉尔

本章回顾

正如你所看到的，通往充实生活的道路上有很多弯路和障碍，它们也可以成为你人生道路上的突破。与感受相关的错误观念和应对情绪的无能会在你朝理想生活努力时制造障碍。但是有备无患——有了指导规则，你才能回到正轨上。

我学到的（我掌握了一些此前不知道的信息）：

_____

_____

_____

我的成长（我做了一些此前不会做的事）：

_____

_____

_____

结　语

对充实的伟大追求

现在你已经准备好带着你构建的愿景开启你的伟大旅程了。你在勇敢地追求你想要的生活。让你的核心决定成为你的战斗口号，并为实现它而进行正确的斗争。享受美好生活的回报。

> 谁是英雄？能抑制自己欲望的人。
> ——犹太法典

学会庆祝胜利

清醒地生活在我们的世界是一件勇敢的事。根据你的核心决定所做的每一个选择都是一次胜利。向自己想要的生活迈出的每一小步都是成功的象征。庆祝你的胜利吧！在下面列出你成功抵抗的诱惑、你为提高生活质量所做的贡献以及你所采取的行动。你可以在列表中继续添加内容，庆祝你的战斗和胜利。

我庆祝以下胜利：

_____

_____

_____

记录下摆脱软瘾给你带来的好处，并开始记录更充实的生活带给你的回报。把你在这段旅程中得到的大大小小的回报列出来，无论是省下的钱还是获得的清晰体验、生活中额外的养分、对生活更强的控制感、节省的时间或充满全身的能量。持续向这里添加内容。

我获得的回报：
_____
_____
_____

分享财富

其他人也能从你的旅程中受益。与朋友和其他战士分享你的胜利、成功和战斗策略。从彼此的胜利和失败中学习，分享你的战术。

前进吧，你是现代的英雄，愿意抵抗诱惑，放弃肤浅的欲望，转而追求灵魂的养分。你是一个愿意做出艰难但正确的选择的人。你愿意为意识、真正的快乐、清醒的头脑而战，为你所期望得到的精神财富而战。

你在意识的战场上战斗。愿你为自己的生活带来革命，愿你成为改变世界的革命性推动者。愿你在这个世界上成为新生活方式的先驱。愿你体验到你想要的、值得拥有的、更充实的生活。

致　谢

写作这本书让我的生活变得更充实了。我有幸得到了许多了不起的人的爱意、关怀、奉献、鼓励、支持和帮助。他们如此慷慨地把精力倾注在这本书和我身上，我也希望他们每一个人都能得到更多的爱和关怀。

我特别感谢那些清醒生活的人——莱特研究院的学员们。他们追求充实，并以自身为例激发了本书的灵感。他们不再沉迷于看电视、买东西、上网或其他软瘾，而是成为家庭、企业和社区中有创造力和影响力的领袖。我希望每个人都能得到他们应得的回报——更多的时间、金钱、精力、满足感、亲密感和意义——同时也能体验我们在软瘾应对方案培训和小组中分享过的大笑、乐趣、共鸣、鼓励和灵感。

我深深地感谢莱特研究院的所有学员。和他们共事是一种荣幸，令我充满喜悦。他们不仅不断充实自己的生活，也在不断充实自己所处的世界。我喜欢我们一起创造的东西。能和他们一起走过这段旅程，我感到很幸福。对于莱特研究院过去和现在的教职员工，我深表感谢，特别是芭比·伯吉斯、安吉·卡尔金斯、凯西·施罗德、格特鲁德·莱昂斯、伯里·斯特罗姆斯塔、詹妮弗·罗伯茨、桑迪·莫克、吉利安·艾切尔和詹妮弗·潘宁，感谢他们的奉献、辛勤工作、关心，尤其是他们对充实生活和对我的信念。如果每个人都能被奉行充实原则的人们包围，并在日常工作中应用这些技能，我们将拥有一个多么美好的世界啊！

感谢克里斯蒂娜和科林·坎里特、帕特里夏·克里斯迪亚、布鲁斯·韦克斯勒、埃拉·布蒂、玛丽莲·皮尔森、詹妮弗·斯蒂芬、米歇尔和詹姆斯·古斯汀以及无花果传媒，感谢他们在编辑、校对、设计、制作以及材料和媒体开发方面的帮助，使这部作品得以出版。

向女权运动协会致以爱和敬意，感谢她们一直以来的爱和支持，以及她们对这本书的深切关心和坚持。她们把这本书放在心里，帮助它诞生。深深感谢妇女领导力培训小组，感谢她们无私的服务、深夜的欢笑、24小时的衷心支持和辛勤工作。能领导这样杰出的女性团体并被她们的奉献精神鼓舞是一件非常令人高兴的事。

感谢格特鲁德和里奇·莱昂斯、斯坦尼斯拉夫·史密斯、唐和丹尼斯·德尔夫斯、汤姆和卡伦·特里，他们相信充实生活的可能，并分享他们的资源以帮助其他人体验它。愿他们的慷慨和奉献得到千倍的回报。

衷心地感谢参加暑期精神训练的同学们，感谢他们巨大的创造力、辛勤的工作、快乐的生活以及惊人的成果——他们告诉我，人们是可以为了更高的目标走到一起的。他们的大爱和关怀深深地影响了这本书。

感谢我的经纪人、莱文·格林伯格文学代理公司的斯蒂芬妮·基普·罗斯坦信任本书并帮助它出版。我感谢她的关心和奉献，以及我们在生活中谈过的很多话。

感谢我的出版商乔尔·福蒂诺斯以及企鹅旗下的塔彻出版社，感谢他的灵感、远见、创造力和鼓舞使不可能变为可能。感谢我的编辑萨拉·卡德，她的关心、指导和专业的编辑技能使这本书成为我能送给读者的礼物。我感谢肯·西曼、特里·亨尼西、凯特·金博尔、莉莉·陈以及塔彻出版社的整个销售、营销和宣传团队的热情、创造力和支持。

多亏了我的英国朋友安德鲁·哈维用他的人格魅力和智慧说服了我，让我相信把作品出版的重要性。感谢维吉尼亚·罗杰斯、弗雷娅·塞克雷斯特、维多利亚·舒弗-宋和吉姆·晨星，感谢他们成为我们的愿景守护者。

感谢我们所有的媒体朋友——从广播到电视、杂志和报纸——以及所有的读者、谈话的参与者以及我们的软瘾应对方案培训的学员，让我们发现并告诉别人在一个没有软瘾的世界里可能发生什么。

感谢玛姬·莱特，感谢莫特·莱特的回忆，感谢他们充满爱心。感谢莫特·莱特教会鲍勃爱，赋予他能与我和其他成千上万的人分享爱的可能性。

这本书也是为了纪念我的父母迪克和吉恩·休厄尔。他们向我展示了奉献、卓越和攻克障碍的机会，让我可以拥有更充实的人生。愿你们继续帮助别人。

对于所有和我有过交往并祝福过这本书的人，无论你是谁，我都衷心地感谢你们。

尤其要感谢我深爱的丈夫和合作伙伴鲍勃，没有他，这本书就不可能存在。他给了我写作这本书的力量，并支持我走的每一步。他的奉献、承诺、创造力、爱和远见激励着我生活的每一天。感谢他追求充实以及为周围每个人创造更充实生活的奉献精神，我非常荣幸能与他分享我的生活。

附录 1

软瘾模板

1. 在你沉迷于软瘾之前发生了什么？什么情况触发了你的软瘾？

2. 在你沉迷于软瘾之前，看看你有哪些基本感受：

　　__ 愤怒 __ 受伤 __ 悲伤 __ 恐惧 __ 愉快 __ 爱意 __ 其他

3. 在这些事情发生之时或之后，你脑中闪过哪些消极想法（偏颇想法）？

　　例子：

　　以偏概全：这种事总是发生在我身上！

　　匆忙下结论：不会有结果的，我应该放弃。

　　感情用事：我感觉很糟糕，我一定很糟糕。

　　指责或自责：我们聚会迟到都是她的错。

4. 找出可能导致你产生偏颇想法和软瘾的错误观念。

　　例子：

　　我的情绪不重要。

我没人爱，也不值得被爱。

世界是一个冷漠的地方。

5. 你能想到什么积极想法呢？积极想法反映现实的情况，是幽默或有同理心的。

例子：

我需要全身心投入，确保事情顺利进行。

偶尔会出问题，但我能处理好。

的确很难，但困难并不是不能克服。

我感到难过，但这并不意味着我很糟糕。

我可以从这个错误中吸取教训。

6. 在你的软瘾背后，潜藏着什么样的精神需求或更深层次的渴望？（圈出符合你情况的答案。）

存在	学习	亲密
聆听	成长	去爱
被感动	被信任	被改变
被爱	被了解	自我实现
被肯定	变得重要	
表达	去感受	
充分体验	有归属感	

7. 找出你的软瘾的积极替代品，满足你内心深处的渴望。

例子：

软瘾	精神需求	替代做法
看电视	有联系感	打电话给朋友或去看演出
上网	学习、成长	去博物馆或听一场感兴趣的讲座
加班	感受自己的重要性	列出你实现的改变,为你的成绩而自豪
聊八卦	有联系和归属感	谈论你自己以及周围的人,而不是不相关的人
和大人物攀亲道故	变得重要	谈论重要的事,而不是重要的人
购物	有充实感	买自己真正需要或喜爱的,而不是为买而买
吃快餐	有满足感	吃快餐以外的食物
网上聊天	有联系感	给朋友打电话聊天
独来独往	有安全感	和给你安全感的人在一起

附录 2

加减法模板

我的核心决定：

_____
_____
_____

我的愿景：

_____
_____
_____
_____

精神需求	软瘾/阻碍	+/−	目标	+/−	行动步骤	支持/责任	截止时间	奖励/后果